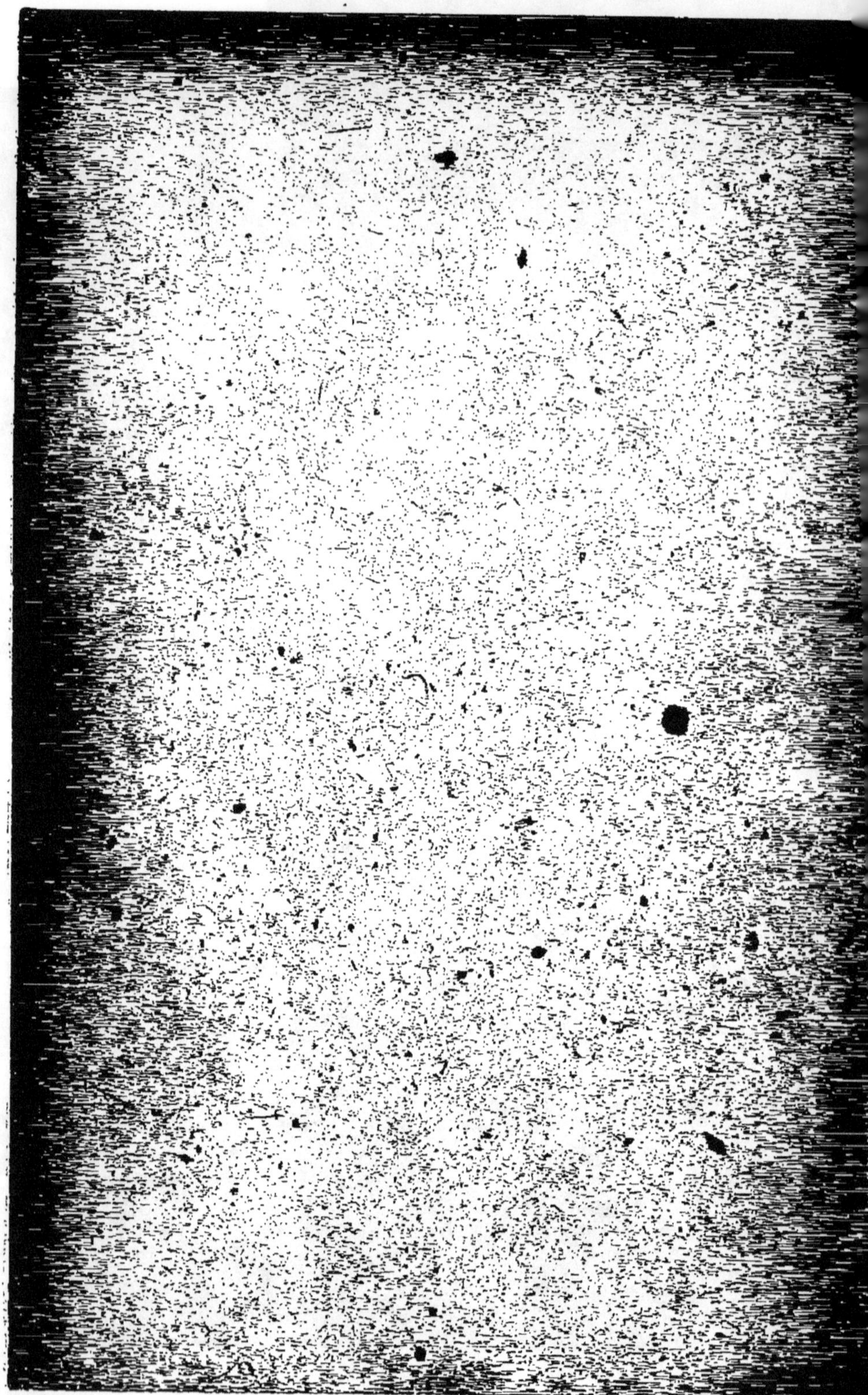

PRÉVISION DU TEMPS

ALMANACH

ET

CALENDRIER MÉTÉOROLOGIQUE

POUR

L'ANNÉE 1868,

A L'USAGE

DE L'HOMME DES MERS ET DE L'HOMME DES CHAMPS;

PAR

F.-V. RASPAIL.

PARIS
CHEZ L'ÉDITEUR DES OUVRAGES
de M. Raspail,
14, RUE DU TEMPLE, 14
(près de l'Hôtel-de-Ville)

BRUXELLES
A L'OFFICE DE PUBLICITÉ,
LIBRAIRIE NOUVELLE
39, rue Montagne de la Cour, 39.

AVERTISSEMENT

Le mot ALMANACH nous vient de la langue arabe: il est composé de AL (le) et MANECH, comput ou art de compter les mois et les jours de l'année.

Calendrier, en latin *calendarium*, vient de *calendæ* (le jour des calendes), le premier jour de chaque mois chez les Latins, le jour des grands rendez-vous des citoyens sur le *forum* ou place publique de Rome; jour de foule au marché et à la barre de la justice, jour enfin des grandes assemblées commerciales ou politiques. Le mot *calendæ* dérive du vieux verbe latin *calare*, qui signifiait réunir, assembler.

Les Grecs donnaient à leur calendrier le nom d'ÉPHÉMÉRIDES, mot qui est toute une définition comme le sont presque tous les mots grecs; il est formé de *ép* pour, *hemera* chaque jour; ils l'appelaient également *himerologion*, de *légô* j'enregistre, *himeras* les jours; et les Grecs modernes ont adopté ce mot de préférence à l'autre.

Le mot français *annuaire* qui date de notre grande Révolution, aurait été préférable, surtout parce qu'il est français; c'est le seul souvenir que le *Bureau des longitudes* ait conservé de la nomenclature de cette époque, en maintenant à son calendrier le titre d'*Annuaire du bureau des longitudes*.

Pendant les siècles de barbarie, les clercs étant les seuls lettrés, l'*almanach* ne se trouvait qu'en tête des heures et du bréviaire.

La publication des *almanachs* pour les campagnards date de la naissance de l'imprimerie ; ils s'intitulaient alors *pronostications*, vu qu'ils renfermaient à la suite, pour chaque jour de l'année, la prévision du temps. Le plus ancien *almanach* connu est celui que Jean Laet publia en 1478 à Louvain (Brabant), et qui se continua jusqu'en 1560.

L'Almanach des Bergiers remonte à l'an 1493, et s'est continué jusqu'à la fin de la première république ; je possède celui de l'an 11.

C'est en 1636 que Mathieu Laensberg commença la série de l'*Almanach liégeois et double liégeois*.

Le *Calendrier grégorien* date de 1582 ; c'est le *Calendrier julien* réformé par les astronomes du pape Grégoire XIII.

L'année civile était primitivement à Rome de 365 jours, tandis que l'année solaire est de 365 jours 5 heures 48 minutes. On s'aperçut plus tard que cet oubli des 5 heures 48 minutes avait introduit une grande confusion entre l'année civile et l'année solaire ; et Jules César confia à Sosigènes d'Egypte le soin de la réforme du calendrier, qui prit dès lors le nom de *Calendrier julien*. Tous les 4 ans on intercala un jour après le 6e jour avant les calendes de mars, ce qui correspondait à notre 24 février, d'où cette 4e année prit le nom de *bissextile* ou année dont les calendes de mars avaient deux sixièmes jours (de *bis* deux fois et *sextilis* sixième). Sosigènes avait fixé le nombre des jours de l'année à 365 jours 6 heures ; ce qui tous les 4 ans aurait fait un *jour intercalaire*. Mais l'année tropique, au lieu d'être de 365 jours 6 heures, n'étant que de 365 jours 5 heures 48 minutes 45 secondes, cette différence de 11' 15" en trop chaque année avait fini par faire anticiper l'année solaire sur l'année civile d'une manière telle que, pour faire concorder l'année civile avec l'année solaire, Grégoire XIII ordonna la suppression de l'intercalation bissextile tous les 100 ans, une exceptée tous les 4 siècles : ainsi les années 1700, 1800 et 1900 ne sont pas bissextiles, tandis que l'année 2000 l'est.

Cette réforme était conforme à l'observation. Mais que de bizarreries auraient eu besoin d'une réforme radicale dans le *Calendrier grégorien*, espèce de macédoine de souvenirs du paganisme et du fanatisme, de superstitions de l'astrologie et de divisions arbitraires ! Notre grande Convention ayant fait table rase sur toutes ces futilités inconciliables avec le progrès des sciences et de la philosophie, elle substitua au *Calendrier grégorien* l'*Annuaire républicain* et l'*ère de la république*, qui commence le 22 septembre 1792 à minuit, à l'*ère chrétienne* si problématique par sa date et son point de départ.

Dans les *almanachs* des trois années précédentes, nous croyons avoir suffisamment démontré, pour les esprits sérieux, la supériorité du comput de l'*Annuaire républicain* sur celui du *Calendrier grégorien*. Nous renvoyons nos lecteurs à ce que nous en avons dit les trois années précédentes (*);

(*) On trouvera des exemplaires de ces petits livres à la librairie de la rue du Temple, n° 14; nous conservons en effet les clichés des *Almanachs* pour procéder à de nouveaux tirages et avoir toujours des exemplaires à la disposition de nouveaux abonnés.

ils trouveront, dans l'INTRODUCTION EXPLICATIVE qui commence le livre, les raisons qui nous ont porté à présenter comparativement et côte à côte, sur les mêmes tableaux de chaque mois, le *Calendrier grégorien*, l'*Annuaire républicain* et le *calendrier météorologique*.

L'Annuaire républicain ayant été le calendrier légal pendant les treize plus belles années de notre rénovation sociale, l'historien, le jurisconsulte, le notaire sont forcés, à chaque instant, d'y avoir recours pour la concordance des dates ; il est donc d'une bonne éducation d'en faire une étude particulière.

Le *Calendrier météorologique* indique les phases et points lunaires, d'après lesquels on peut prévoir avec une grande probabilité les changements de temps et surtout les époques d'abaissement et d'élévation de la colonne barométrique, si l'on se pénètre bien des principes du *nouveau système de météorologie* dont nous avons donné un précis plus que suffisant dans les *Almanachs météorologiques* des trois années précédentes. Nous renvoyons nos lecteurs pour plus amples informations, à l'un ou l'autre de ces *almanachs* précédents; nos nouveaux abonnés pourront s'en procurer des exemplaires ; les clichés que nous conservons avec soin, nous l'avons déjà dit, nous permettent d'en renouveler les tirages.

Au reste l'application de ces principes à la prévision du temps pour chaque mois de l'année 1868, application que chaque lecteur pourrait exécuter par lui-même, se trouve toute faite à la suite du triple calendrier de cette année.

Nous y avons joint, d'après les tables de l'abbé

Cotte, un des plus laborieux météorologistes de la fin du dix-huitième siècle, la prévision, pour chaque mois de l'année 1868, de la moyenne de température, ainsi que des vents régnants et de l'eau tombée : l'abbé Cotte avait pris, pour former son tableau, la moyenne des observations de trois années distantes entre elles de 19 ans, période après laquelle la lune revient à peu près au même jour de l'année solaire où elle se trouvait 19 ans auparavant. Mais l'apparition d'une comète, dans l'une ou l'autre de ces trois années de comparaison, peut mettre en défaut ces prévisions; car, ce que n'avait pas prévu l'abbé Cotte, une comète amène une hausse exceptionnelle de température, dans toutes les contrées que son dard parvient à atteindre; et, dès qu'elle abandonne une contrée, il y survient des pluies exceptionnelles, réaction proportionnelle à l'élévation de température que sa présence avait déterminée.

La théorie nous ayant amené à établir que les phénomènes météorologiques étaient principalement dus à la compression atmosphérique qu'exercent, sur l'atmosphère éthérée de la terre, les atmosphères éthérées de la lune et du soleil, il en découlait que la lune revenant tous les 19 ans au même jour solaire, à quelques heures près, les mêmes phénomènes météorologiques devaient se reproduire tous les 19 ans aux mêmes jours solaires. Or l'observation a confirmé de tous points cette analogie, en sorte qu'il s'est trouvé que les observations d'une année quelconque pouvaient servir de prévision jour par jour pour le temps de la dix-neuvième année suivante, avec une certaine probabilité qui tient à trois causes de variation : *la première*, qui est que le retour des phases et points lunaires peut être en retard de plusieurs heures, entre l'une et l'autre de ces années correspondantes; *la seconde* qui provient de ce que les *périgées* et *apogées* ne correspondent que tous les 9 ans; et la *troisième* qui tient à l'apparition inattendue d'une comète dont la présence amène une élévation indéfinie de la température et dont la disparition est suivie de pluies torrentielles.

La première cause occasionne une certaine avance ou un certain retard dans la manifestation du phénomène météorologique.

La seconde exige quant à la température, qu'on fasse entre ces deux époques de l'une et l'autre année une transposition; c'est-à-dire qu'il faut transposer les phénomènes du périgée de l'année comparative précédente, au périgée de l'année présente et ceux de l'apogée de l'une à l'apogée de l'autre.

Quant à la troisième cause, si l'observation directe manque, l'événement permet suffisamment d'en admettre l'apparition; la constance d'une haute température et d'une sécheresse prolongée, contrairement aux indications du baromètre et au retour des phases et points lunaires, coïncide toujours avec la présence d'une comète au-dessus de l'horizon.

En tenant compte de ces trois sources de perturbations, on doit s'attendre que les phénomènes quotidiens de pluie et de beau temps, signalés dans une année quelconque se reproduiront avec une certaine probabilité la dix-neuvième année suivante.

C'est pour cela que nous donnons la série des observations météorologiques, faites à l'*Observatoire de Paris* en l'année 1811, l'une des années correspondantes de l'année présente 1868, en prévision du temps de cette dernière année pour la circonscription du bassin de Paris spécialement ; les accidents du terrain et les différences de l'exposition devant apporter quelques modifications à chaque phénomène pour les autres circonscriptions géographiques. Ce qui doit engager chaque commune à tenir registre de tous les phénomènes météorologiques observés chaque jour de l'année, pour servir de guide à la prévision du temps de chaque année correspondante dans la période lunaire de 19 ans.

Ce petit livre étant de sa nature essentiellement progressif, dans un cadre limité et qui doit rester stationnaire, afin d'être toujours à la portée de toutes les bourses, il nous est de toute nécessité d'opérer chaque année des retranchements dans le texte afin de faire place à de nouvelles insertions. Ceux qui possèdent la série de nos publications nous sauraient mauvais gré de nous voir répéter chaque année ce qu'ils ont si bien compris l'année précédente; les nouveaux acheteurs trouveront, nous en sommes certain, qu'i s n'ont rien perdu à se procurer les éditions qui ont précédé celle-ci.

Je sais que, dans beaucoup de petites localités, le médecin affamé de malades et le jésuite affamé de libres penseurs, font mille misères à quiconque a sur sa table de nuit si pe que ce soit de nos œuvres scientifiques ; car nous sommes également à l'index de la queue de l'ancienne faculté et de celle de la vieille inquisition. Contre ces deux épouvantails, montrez-vous des hommes; ces deux sortes de croquemitaines ne sont pas si terribles qu'ils se le croient : voilà bientôt trente ans que j'ai le premier à mes trousses, et cinquante-sept ans que j'ai le second en face et armé de pied en cap, faisant chaque fois mine de me dévorer. Vous voyez pourtant que je dure encore et que bien peu de leur bande arrivent à mon âge. Or, on est bien faible quand, avec une organisation secrète de près de cent mille individus et en cinquante-sept ans, on ne fait que recommencer la même besogne, contre un seul homme qui ne ménage pas ces vieux monomanes du passé.

Ayez donc à me lire et à propager les principes de météorologie et de médecine que je professe, le même courage que j'ai toujours mis à les publier; on se grandit à ses propres yeux et l'on se conserve de cette manière, pendant que tant d'autres perdent à nous poursuivre leur dignité d'homme et leur santé.

N° I

L'année bissextile (*) 1868, correspond :

Aux neuf derniers mois de l'année sextile LXXVI et aux trois premiers mois de l'an LXXVII de l'ère républicaine qui a commencé le 22 septembre 1792 à minuit ;

A l'année 6581 de la période julienne ;

A la 2644ᵉ des Olympiades ;

A l'an 2621 de la fondation de Rome, d'après Varron ;

A l'an 1284 des Turcs ou de l'Hégire, qui commence le 5 mai 1867 et à l'an 1285 qui commence le 24 avril 1868.

(*) L'année solaire, c'est-à-dire le temps que met le soleil à revenir au même point du ciel, étant de 365 jours, plus 6 heures environ, la somme de ces 6 heures forme un jour, à peu de chose près, tous les 4 ans. Les Romains ayant intercalé ce jour à la suite du sixième jour des Calendes (ou avant les Calendes) de février, qui correspond à notre 24 février, sans intervertir l'ordre des jours suivants, ce mois eut deux fois un sixième jour, d'où le mois fut appelé *bissextilis* (de *bis*, deux fois, et *sextilis*, sixième), ce qui fit prendre à l'année où tombait un pareil mois le même nom de *bissextile*, c'est-à-dire année distinguée par un pareil mois. Le Calendrier grégorien ayant placé ce jour intercalaire à la fin du mois de février, qui se compose cette année-là de 29 jours, le mot de *bissextile* n'a plus de signification propre, si ce n'est en pensant que, chez les peuples qui se servent de la numérotation arabe, le chiffre désignant le nombre de jours de cette année se termine par deux six, 366. Le Calendrier républicain a placé ce jour intercalaire à la fin de l'année ; il est ainsi le sixième des jours complémentaires, d'où l'année prend l'épithète de *sextile*, c'est-à-dire année dont les jours complémentaires, ordinairement au nombre de 5, sont cette fois au nombre de 6. L'expression sextile a le mérite de rappeler l'ancienne et d'être exacte et significative en même temps.

N° II

COMPUT ECCLÉSIASTIQUE.		QUATRE-TEMPS.	
Nombre d'or en 1868....	7	Mars..........	4, 6 et 7.
Epacte...............	VI	Juin..........	3, 5 et 6.
Cycle solaire............	1	Septembre......	16, 18 et 19.
Indiction romaine.......	11	Décembre	16, 18 et 19.
Lettre dominicale........	ED		

FÊTES MOBILES DES CHRÉTIENS.

Septuagésime.	9 fév.	Pentecôte	31 mai.
Cendres	26 février.	Trinité........	7 juin.
Pâques (*)...	12 avril.	Fête-Dieu.....	11 juin.
Rogations....	18, 19 et 20 mai.	1er dimanche de l'Avent	29 novembre.
Ascension....	21 mai.		

(*) La Pâque des Israélites ou la fête de la pleine lune (P. L.) la plus proche de l'équinoxe du printemps, tombe, cette année 1868, le 7 avril. Les chrétiens ne la célèbrent que le dimanche suivant, qui, cette année, tombe le 12 avril. La raison en est qu'ils ne veulent pas célébrer cette fête le même jour que les Juifs, leurs grands-pères. Caprices de la haine d'intolérance, qui est aveugle comme toutes les haines! Ils veulent célébrer la pâque de la même manière que l'a célébrée Jésus de Nazareth, qui est né et mort Juif; or, Jésus l'a célébrée, toute sa vie, le 14 de la lune de mars, et ne l'a jamais renvoyée au samedi, qui était le dimanche des Juifs et le sien. Que voulez-vous? les religions ne raisonnent pas; l'arbitraire en est l'essence. Jésus s'est fait faire une ablution par Jean, qui était Juif; nous avons élevé cette action à la dignité de sacrement. Il s'est fait circoncire, et, dans certaines églises, on a longtemps conservé le culte du prépuce, ou produit de sa circoncision; or les chrétiens ont la circoncision en horreur. Pourquoi maudire la circoncision et adorer en même temps Jésus, qui s'honora d'être circoncis? Par la même raison qu'on croit à l'Ancien Testament, et qu'on a longtemps condamné aux bûchers ceux de qui nous tenons la lettre et le sens de ces livres, ainsi que la foi aveugle en ces légendes. Quand donc les hommes adoreront-ils Dieu en toute humilité, chacun à sa manière, dans le langage de son cœur, et sans faire un crime à personne de la façon particulière dont il l'adore autrement? La vie humaine ne sera jusque-là qu'un féroce et stupide combat ou une arène de discussions oiseuses et stériles.

N° III

COMMENCEMENT DES QUATRE SAISONS EN 1868.

(Temps moyen de Paris.)

Printemps	le 20 mars,	à 7 h. 53 m. du matin.
Eté	le 21 juin,	à 4 h. 18 m. du matin.
Automne	le 22 septembre,	à 6 h. 40 m. du soir.
Hiver	le 21 décembre,	à 0 h. 37 m. du soir.

N° IV

Il y aura, en 1868, deux éclipses de soleil et un passage de Mercure sur le soleil :

Le 23 février, éclipse annulaire du soleil, en partie visible à Paris, de 3^h 48^m à 4^h 28^m du soir.

Le 18 août, éclipse totale du soleil, invisible à Paris.

Le 5 novembre, passage de Mercure sur le soleil, en partie visible à Paris, vers 9^h 12^m du matin, moment de la sortie de Mercure.

N° V

EXPLICATION DES ABRÉVIATIONS ET SIGNIFICATION DES MOTS EMPLOYÉS DANS LES DIVERS CALENDRIERS DE CE LIVRE.

Conjug. — CONJUGAISON, époque à laquelle la lune et le soleil sont dans le plan du même degré de latitude terrestre, c'est-à-dire au même degré de déclinaison.

Eq. L. — ÉQUILUNE, époque à laquelle la lune se trouve sur la ligne équinoxiale ou équateur, c'est-à-dire à 0° de déclinaison.

Équinoxe. — Epoque à laquelle le soleil se trouve sur la ligne équinoxiale, c'est-à-dire à 0° de déclinaison, de manière que les nuits (*noctes*) soient égales (*æquæ*) aux jours. Le soleil passe deux fois chaque année sur cette ligne; l'une qui détermine le commencement de la saison du printemps (*équinoxe du printemps*) et l'autre celui de la saison d'automne (*équinoxe d'automne*).

L. A. — LUNESTICE AUSTRAL, époque à laquelle la lune a atteint son plus grand degré de déclinaison ou sa plus grande distance de l'équateur dans la région australe du ciel.

L. B. — LUNESTICE BORÉAL, époque à laquelle la lune a atteint son plus haut degré de déclinaison ou sa plus grande distance de l'équateur dans la région boréale du ciel.

N. L. — NOUVELLE LUNE (*néoménie*), lune en conjonction avec le soleil; époque où la lune et le soleil se trouvent sur la même longitude.

P. L. — PLEINE LUNE, lune en opposition diamétrale avec le soleil, c'est-à-dire se trouvant à 180° de la longitude du soleil.

N. B. On appelle ces deux phases les Syzygies.

P. Q. — PREMIER QUARTIER, époque où la lune passe au méridien à 6h du soir, et où sa moitié éclairée regarde le couchant.

D. Q. — DERNIER QUARTIER, époque où la lune passe au méridien à 6^h du matin et où sa moitié éclairée regarde le levant.

N. B. Dans les QUARTIERS, les longitudes de la lune et du soleil diffèrent de 90°; on les appelle aussi les QUADRATURES, vu que la distance de 90° est le quart du cercle divisé en 360°.

SOLSTICE. — Epoque où le soleil a atteint son plus grand degré de déclinaison, c'est-à-dire sa plus grande distance de la ligne équinoxiale, soit dans la région boréale (*solstice d'été* où commence la saison de l'été), soit dans la région australe (*solstice d'hiver* où commence la saison de l'hiver).

APOGÉE. — Époque où le soleil et la lune sont à leur plus grande distance de la terre.

PÉRIGÉE. — Epoque où le soleil et la lune sont à leur moindre distance de la terre. Dans le Calendrier météorologique, ces deux indications ne s'appliquent qu'à la lune. Les périgées et apogées reviennent à peu près aux mêmes époques de l'année solaire tous les 9 ans, ou mieux tous les 18 ans.

j. = Jour.

h. = Heure.

m. = Minute.

° (en haut d'un chiffre) = Degré de la division adoptée pour la mesure du cercle ou d'un instrument météorologique. — Exemple : 20° de lat. = vingtième degré du cercle méridien divisé en 360 parties égales ; — 20° centigrade = vingtième degré du tube thermométrique sur lequel la distance du point de la glace fondante au point d'ébullition a été divisée en cent parties égales.

PHASES. — Ce mot, qui signifie en grec *apparences*, sert à désigner les *syzygies* et les *quadratures*, ces quatre principaux aspects de la lune.

POINTS LUNAIRES. — Ce mot désigne, outre la conjugaison, les positions de la lune qui sont analogues aux équinoxes et aux solstices.

Bar. — BAROMÈTRE, instrument destiné à mesurer la hauteur ou pesanteur de la colonne ou cône atmosphérique, par la hauteur de la colonne de mercure qui lui fait contre-poids (du grec *baros* pesanteur et *metron* mesure).

Ther. — THERMOMÈTRE, instrument destiné à évaluer l'élévation ou l'abaissement de la température de l'air (de *thermè* chaleur et *metron* mesure).

Météorologique (Calendrier). — Partie du calendrier qui indique les phases et les points lunaires, comme points de repère pour prévoir avec une certaine probabilité les changements et phénomènes atmosphériques.

Mois solaire. — Nombre de jours variable de 28 à 31 dans le Calendrier grégorien ou Calendrier catholique, et invariable (de 30 jours) dans le calendrier républicain.

Mois lunaire synodique. — Nombre de jours et heures que la lune met à revenir en conjonction avec le soleil ; ces mois lunaires sont presque alternativement de 29 et de 30 jours dans les calendriers, vu que le mois synodique est de 29 jours 12^h 44^m environ.

Mois lunaire périodique. — Nombre de jours et heures que la lune met à faire le tour du zodiaque, c'est-à-dire à revenir au point du zodiaque d'où elle était partie. Ce mois est de 27 jours 7^h 45^m environ. C'est pour nous le vrai mois météorologique, celui qui reproduit aux mêmes époques les mêmes dépressions atmosphériques, c'est-à-dire qui détermine les mêmes tendances à l'élévation ou à l'abaissement de la colonne barométrique. Il est rationnel de le compter d'un lunestice austral (L. A.) à l'autre. Les lunestices reviennent à peu près aux mêmes époques de l'année solaire tous les 19 ans.

AXIOMES DE MÉTÉOROLOGIE

POUR L'INTELLIGENCE DE L'ALMANACH MÉTÉOROLOGIQUE (*)

1° Les phénomènes météorologiques découlent tous de la compression que les atmosphères éthérées, spécialement celles de la lune et du soleil, et accessoirement celles des autres planètes, exercent, en parcourant leur orbite, sur l'atmosphère éthérée de notre globe ;

2° La colonne barométrique donne, pour ainsi dire, la mesure de ces compressions ;

3° Les nuages arrivent dès que le baromètre baisse ou se maintient au même niveau ; ils se séparent et disparaissent dès que le baromètre monte ;

(*) Ces axiomes sont des applications pratiques des principes du NOUVEAU SYSTÈME DE MÉTÉOROLOGIE que nous avons développés dans la *Revue complémentaire des sciences appliquées* de 1854 à 1860, et dont nous avons donné un ample résumé dans les trois almanachs qui précèdent celui de cette année. Nous y renvoyons nos lecteurs.

4° En descendant dans les couches inférieures de notre atmosphère et en se rapprochant de nous, ils semblent arriver et grandir d'un instant à l'autre; en s'élevant dans l'atmosphère, ils semblent se rapetisser et disparaître;

5° La tendance de la colonne barométrique à monter se manifeste depuis chaque *équilune* (Eq. L.) à l'un ou l'autre *lunestice* (L. A. ou L. B.); la tendance de la colonne barométrique à descendre a lieu de chaque lunestice à l'équilune;

6° La marche ascendante ou descendante de la colonne barométrique est interrompue par les quartiers (P. Q. et D. Q.) de la lune et la descendante par les syzygies (N. L. et P. L.);

7° La colonne barométrique descend un à deux jours avant, et un à deux jours après les syzygies, beaucoup plus bas à la nouvelle lune (N. L.) qu'à la pleine lune (P. L.);

8° Les *périgées* de la lune et du soleil accroissent la tendance à la baisse de la colonne barométrique, et les *apogées* la tendance à la hausse. De là vient qu'en hiver, et du fait du soleil, le mauvais temps est presque la règle générale, et le beau temps en été; le soleil arrive l'hiver à son périgée, et l'été à son apogée. Il en est de même de l'influence des *périgées* et des *apogées* de la lune, qui se succèdent chaque mois; car le mois est l'année de la lune. Les périgées de la lune augmentent l'intensité du mauvais temps et diminuent l'intensité du beau. Les apogées de la lune ajoutent au caractère du beau et diminuent l'intensité du mauvais;

9° Il survient un changement de temps et une interruption à l'ascension et à l'abaissement de la colonne barométrique tous les trois jours, durée de la vague atmosphérique;

10° Le baromètre descend également à la *conjugaison* (conjug.);

11° Il faut s'attendre à de grandes tempêtes quand les deux astres marchent à la fois de l'équilune (Eq. L.) au lunestice austral (L. A.), et quand l'équilune (Eq. L.) correspond aux syzygies, surtout aux équinoxes;

12° Les différences qu'on pourra observer entre les phénomènes météorologiques de l'année 1868 et les observations de l'année 1811, année correspondante de 1868 dans la période lunaire de 19 ans, tiennent d'abord à la différence des *périgées* et des *apogées*, qui ne concordent que tous les 9 ans, mais surtout à l'apparition d'une comète pendant l'une ou l'autre de ces deux années. L'apparition d'une comète amène, en général, une chaleur et une sécheresse exceptionnelles, causes d'épidémie et de choléra, et sa disparition des pluies diluviennes.

Nº VI

CONCORDANCE

OU

TRIPLE CALENDRIER

GRÉGORIEN

RÉPUBLICAIN

ET

MÉTÉOROLOGIQUE (*)

POUR L'ANNEE 1868

(*) Le *Calendrier grégorien* est le calendrier légal en France depuis 1806. Le *Calendrier républicain* a été le calendrier légal de 1792, ou plutôt 1793, jusqu'en 1806, c'est-à-dire pendant près de treize ans d'exercice sur toute l'étendue du territoire français d'alors.

An 1868 — CALENDRIER grégorien			An LXXVI et LXXVII — CALENDR. RÉPUBLICAIN et agenda agricole			CALENDRIER MÉTÉOROL. — J. lun.	Phases lunaires	Points lunaires et solaires
JANVIER			**NIVÔSE** (AN LXXVI)					
1	merc.	CIRCONCISION	11	primedi	Poix.	7		
2	jeudi	st Basile, év.	12	duodi.	Argile.	8		Eq. L.
3	vend.	s^e Geneviève.	13	tridi.	Ardoise.	9	P. Q.	
4	sam.	st Rigobert.	14	quart.	Grès.	10		
5	dim.	st Siméon.	15	quint.	LAPIN.	11		
6	lundi	LES ROIS.	16	sextidi.	Silex.	12		
7	mar.	s^e Mélanie.	17	septidi.	Marne.	13		
8	merc.	st Lucien.	18	octidi.	Pier. à chaux	14		
9	jeudi	st Pierre, év.	19	nonidi.	Marbre.	15	P. L.	L. B.
10	vend.	st Paul, erm.	20	DÉCADI	VAN.	16		Périgée.
11	sam.	st Théodose.	21	primedi	Pier. à plâtre	17		
12	dim.	st Arcade, m.	22	duodi.	Sel.	18		
13	lundi	Bapt. de J. C.	23	tridi.	Fer.	19		
14	mar.	st Hilaire, év.	24	quart.	Cuivre.	20		
15	merc.	st Maur, ab.	25	quint.	CHAT.	21		Eq. L.
16	jeudi	st Guillaume	26	sextidi.	Étain.	22	D. Q.	
17	vend.	st Antoin, ab.	27	septidi.	Plomb.	23		
18	sam.	C. de s. Pier.	28	octidi.	Zinc.	24		
19	dim.	st Sulpice, év.	29	nonidi.	Mercure.	25		
20	lundi	st Sébastien.	30	DÉCADI	CRIBLE.	26		
			PLUVIOSE					
21	mar.	s^e Agnès, v.	1	primedi	Lauréole.	27		Q.-Conj.
22	merc.	st Vincent.	2	duodi.	Mousse.	28		L. A.
23	jeudi	st Ildefonse.	3	tridi.	Fragon.	29		Apogée.
24	vend.	st Babylas.	4	quart.	Perce-neige.	30	N. L.	
25	sam.	C. de s. Paul	5	quint.	TAUREAU.	1		
26	dim.	s^e Paule, v^e.	6	sextidi.	Laur.-thym.	2		
27	lundi	st Julien, év.	7	septidi.	Amadouvier.	3		
28	mar.	st Charlem^e.	8	octidi.	Mézéréon.	4		
29	merc.	st F. de Sales	9	nonidi.	Peuplier.	5		Eq. L.
30	jeudi	s^e Bathilde.	10	DÉCADI	COIGNÉE.	6		
31	vend.	s^e Marcelle.	11	primedi	Ellébore.	7		

Phases lunaires	Points lunaires	
P. Q. le 3 à 4 h. 12 m. du m.	Eq. L. le 2 à 4 h. du s.	L. A. le 22 à 11 h. du m.
P. L. le 9 à 11 h. 2 m. du s.	L. B. le 9 à 3 h. du m.	Eq. L. le 29 à 11 h. du s.
D. Q. le 16 à 5 h. 13 m. du s.	Eq. L. le 15 à 5. h. du m.	
N. L. le 24 à 7 h. 28 m. du s.		

An 1868 CALENDRIER grégorien			An LXXVI CALENDR. RÉPUBLICAIN et agenda agricole			CALENDRIER MÉTÉOROL. J. lun.	Phases lunaires	Points lunaires et solaires
FÉVRIER			**PLUVIOSE**					
1	sam.	st Ignace.	12	duodi.	Brocoli.	8	P.Q.	
2	dim.	PURIFICAT.	13	tridi.	Laurier.	9		
3	lundi	st Blaise.	14	quart.	Aveline.	10		
4	mar.	st Gilbert.	15	quint.	VACHE.	11		
5	merc.	s^e^ Agathe.	16	sextidi.	Buis.	12		L. B.
6	jeudi	st Waast, év.	17	septidi.	Lichen.	13		
7	vend.	st Romuald.	18	octidi.	If.	14		
8	sam.	st Jean de M.	19	nonidi.	Pulmonaire.	15	P.L.	Périgée.
9	dim.	s^e^ Apolline.	20	DÉCADI	SERPETTE	16		
10	lundi	s^e^ Scholastiq.	21	primedi	Thlaspic.	17		
11	mar.	st Séverin.	22	duodi.	Thymélée.	18		Eq. L.
12	merc.	st Mélèce.	23	tridi.	Chiendent.	19		
13	jeudi	st Grégoire.	24	quart.	Trainasse.	20		
14	vend.	st Valentin.	25	quint.	LIÈVRE.	21		Conjug.
15	sam.	st Faustin.	26	sextidi.	Guède.	22	D.Q.	
16	dim.	st Flavien	27	septidi.	Noisetier.	23		
17	lundi	st Théodule.	28	octidi.	Ciclamen.	24		
18	mar.	st Siméon.	29	nonidi.	Chélidoine.	25		L. A.
19	merc.	st Gabin.	30	DÉCADI	TRAINEAU	26		Apogée.
			VENTOSE					
20	jeudi	st Eleuthère.	1	primedi	Tussilage.	27		
21	vend.	st Pepin.	2	duodi.	Cornouiller.	28		
22	sam.	s^e^ Isabelle.	3	tridi.	Violier.	29		
23	dim.	st Méraut.	4	quart.	Troêne.	30	N.L.	Conjug.
24	lundi	st Mathias.	5	quintidi	Bouc.	1		
25	mar.	st Nicéphore.	6	sextidi.	Asaret.	2		
26	merc.	CENDRES.	7	septidi.	Alaterne.	3		Eq. L.
27	jeudi	st Léandre.	8	octidi.	Violette.	4		
28	vend.	s^e^ Honorine.	9	nonidi.	Marceau.	5		
29	sam.	st Sospice.	10	DÉCADI	BÊCHE.	6		

Phases lunaires	Points lunaires	
P. Q. le 1 à 6 h. 25 m. du s.	L. B. le 5 à 2 h. du s.	L. A. le 18 à 6 h. du s.
P. L. le 8 à 9 h. 45 m. du m.	Eq. L. le 11 à 3 h. du s.	Conjug. le 23 vers 2 h. du s.
D. Q. le 15 à 9 h. 26 m. du m.	Conjug. le 14 vers 10 h. du s.	Eq. L. le 26 à 5 h. du m.
N. L. le 23 à 2 h. 30 m. du s.		

An 1868 — CALENDRIER grégorien			An LXXVI — CALENDR. RÉPUBLICAIN et agenda agricole			CALENDRIER MÉTÉOROL.		
						l. lun.	Phases lunaires	Points lunaires et solaires.
	MAR			VENTOSE				
1	dim.	st Aubin.	11	primedi	Narcisse.	7		
2	lund	st Simplice.	12	duodi.	Orme.	8	P.Q.	
3	mar.	se Cunégonde	13	tridi.	Fumeterre.	9		L. B.
4	merc.	st Casimir.	14	quart.	Vélar.	10		
5	jeudi	st Théophile.	15	quint.	CHEVRE.	11		
6	vend.	se Colette.	16	sextidi.	Epinard.	12		Périgée.
7	sam.	st Thom. d'A.	17	septidi.	Doronic.	13		
8	dim.	st J. de Dieu.	18	octidi.	Mouron.	14	P.L.	
9	lundi	se Françoise.	19	nonidi.	Cerfeuil.	15		
10	mar.	se Droctovée.	20	DÉCADI	CORDEAU.	16		Eq. L. Conjug.
11	merc.	st Euloge.	21	primedi	Mandragore.	17		
12	jeudi	st Grégoire.	22	duodi.	Persil.	18		
13	vend.	se Euphrasie.	23	tridi.	Cochléaria.	19		
14	sam.	st Lubin, év.	24	quart.	Pâquerette.	20		
15	dim.	st Zacharie.	25	quint.	THON.	21		
16	lundi	st Cyriaque.	26	sextidi.	Pissenlit.	22	D.Q.	
17	mar.	se Gertrude.	27	septidi.	Sylvie.	23		L. A.
18	merc.	st Alexandre	28	octidi.	Capillaire.	24		Apogée.
19	jeudi	st Joseph.	29	nonidi.	Frêne.	25		
20	vend.	st Joach m.	30	DÉCADI	PLANTOIR.	26		Équinoxe.
				GERMINAL				
21	sam.	st Benoît, p.	1	primedi	Primevère.	27		
22	dim.	st Emile.	2	duodi.	Platane.	28		
23	lundi	st Victorien.	3	tridi.	Asperge.	29		
24	mar.	st Simon, m.	4	quart.	Tulipe.	1	N.L.	Eq. L. Conjug.
25	merc.	se Berthe.	5	quint.	POULE.	2		
26	jeudi	st Ludger.	6	sextidi.	Bette.	3		
27	vend.	st Jean, erm.	7	septidi.	Bouleau.	4		
28	sam.	st Gontran.	8	octidi.	Jonquille.	5		
29	dim.	st Marc, év.	9	nonidi.	Aulne.	6		
30	lundi	st Rieul.	10	DÉCADI	COUVOIR.	7		
31	mar.	se Balbine.	11	primedi	Pervenche.	8	P.Q.	L. B.

Phases lunaires	Points lunaires	
P. Q. le 2 à 4 h. 58 m. du m.	L. B. le 3 à 11 h. du soir.	Eq. L. le 24 à midi.
P. L. le 8 à 8 h. 32 m. du s.	Eq. L. le 10 à 2 h. du matin.	Conjug. le 24 vers 10 h. du s.
D. Q. le 16 à 8 h. 38 m. du m.	Conjug. le 10 vers 11 h. du s.	L. B. le 31 à 5 h. du matin.
N. L. le 24 à 7 h. 8 m. du m.	L. A. le 17 à 1 h. du matin.	
P. Q. le 31 à midi 35 m. du s.		

An 1868 CALENDRIER grégorien			An LXXVI CALENDR. RÉPUBLICAIN et agenda agricole			CALENDRIER MÉTÉOROL. l. lun.	Phases lunaires	Points lunaires et solaires
AVRIL			**GERMINAL**					
1	merc.	st Hugues, év.	12	duodi.	charme.	9		
2	jeudi	st Fr. de Paul	13	tridi.	Morille.	10		
3	vend.	st Richard.	14	quart.	Hêtre.	11		Périgée.
4	sam.	st Ambroise.	15	quint.	ABEILLE.	12		
5	dim.	st Gérard.	16	sextidi.	Laitue.	13		Conjug.
6	lundi	st Prudence.	17	septidi.	Mélèze.	14		Eq. L.
7	mar.	st Romuald.	18	octidi.	Cigué.	15	P. L.	
8	merc.	st Edèse.	19	nonidi.	Radis.	16		
9	jeudi	s^e Marie Egy.	20	DÉCADI	RUCHE.	17		
10	vend.	st Macaire.	21	prim.	Gainier.	18		
11	sam.	st Léon, pape	22	duodi.	Romaine.	19		
12	dim.	PAQUES	23	tridi.	Marronnier.	20		
13	lundi	st Marcelin.	24	quart.	Roquette.	21		L. A.
14	mar.	st Tiburce.	25	quint.	PIGEON.	22	D. Q.	
15	merc.	st Maxime.	26	sextidi.	Lilas.	23		Apogée.
16	jeudi	st Paterne.	27	septidi.	Anémone.	24		
17	vend.	st Anicet, p.	28	octidi.	Pensée.	25		
18	sam.	st Parfait, pr.	29	nonidi.	Myrtille.	26		
19	dim.	st Timon.	30	DÉCADI	GREFFOIR.	27		
			FLORÉAL					
20	lundi	st Théodore.	1	primedi	Rose.	28		Eq. L.
21	mar.	st Anselme.	2	duodi.	Chêne.	29		
22	merc.	s^e Opportune	3	tridi.	Fougère.	30	N. L.	
23	jeudi	st Georges, m.	4	quart.	Aubépine.	1		Conjug.
24	vend.	st Léger.	5	quint.	ROSSIGNOL.	2		
25	sam.	st. Marc, év.	6	sextidi	Ancolie.	3		
26	dim.	st Clet, pape.	7	septidi.	Muguet.	4		
27	lundi	st Polycarpe.	8	octidi.	Champignon.	5		L. B.
28	mar.	st Vital, mar.	9	nonidi.	Hyacinthe.	6		Périgée.
29	merc.	st Robert, ab.	10	DÉCADI	RATEAU.	7	P. Q.	
30	jeudi	st Eutrope.	11	primedi	Rhubarbe.	8		

Phases lunaires

P. L. le 7 à 7 h. 26 m. du m.
P. Q. le 14 à 10 h. 44 m. du s.
N. L. le 22 à 8 h. 29 m. du s.
D. Q. le 29 à 6 h. 27 m. du s.

Points lunaires

Conjug. le 5 vers 3 h. du m.
Eq. L. le 6 à midi.
L. A. le 13 à 9 h. du m.
Eq. L. le 20 à 8 h. du s.
Conjug. le 28 vers minuit.
L. B. le 27 à midi.

An 1868 — CALENDRIER grégorien			An LXXVI — CALENDR. RÉPUBLICAIN et agenda agricole			J. lun.	Phases lunaires	Points lunaires et solaires
MAI			**FLORÉAL**					
1	vend.	st Jacq. s. Ph.	12	duodi.	Sainfoin.	9		
2	sam.	st Athanase.	13	tridi.	Bouton-d'or.	10		
3	dim.	Inv. s^e^ Croix.	14	quart.	Chamérisier.	11		Eq. L.
4	lundi	s^e^ Monique.	15	quint.	VER A SOIE	12		
5	mar.	C. st August.	16	sextidi.	Consoude.	13		
6	merc.	st Jean P. L.	17	septidi.	Pimprenelle.	14	P.L.	
7	jeudi.	st Stanislas.	18	octidi.	Corbeille d'or	15		
8	vend.	st Désiré, év.	19	nonidi.	Arroche.	16		
9	sam.	st Hermas.	20	DÉCADI	SARCLOIR.	17		
10	dim.	st Gordien.	21	primedi	Statice.	18		L. A.
11	lundi	st Mamert.	22	duodi.	Fritillaire.	19		
12	mar.	st Epiphane.	23	tridi.	Bourrache.	20		Apogée.
13	merc.	st Servais.	24	quart.	Valériane.	21		
14	jeud.	st Boniface.	25	quint.	CARPE.	22	D.Q.	
15	vend.	st Isidore.	26	sextidi.	Fusain.	23		
16	sam.	st Honoré.	27	septidi.	Civette.	24		
17	dim.	st Pascal.	28	octidi.	Buglosse.	25		
18	lundi	st Eric, roi.	29	nonidi.	Sénevé.	26		Eq. L.
19	mar.	st. Yves.	30	DÉCADI	HOULETTE	27		
			PRAIRIAL					
20	merc.	st Bernardin.	1	primedi	Luzerne.	28		
21	jeud.	ASCENSION.	2	duodi.	Hémérocalle.	29		
22	vend.	s^e^ Hélène.	3	tridi.	Trèfle.	1	N.L.	
23	sam.	st Didier, év.	4	quart.	Angélique.	2		Q. Conj.
24	dim.	st Donatien.	5	quint.	CANARD.	3		L. B.
25	lundi	st Urbin.	6	sextidi.	Mélisse.	4		Périgée.
26	mar.	st Quadrat.	7	septidi.	Fromental.	5		
27	merc.	st Hildevert.	8	octidi.	Martagon.	6		
28	jeudi	st Germ., év.	9	nonidi.	Serpolet.	7	P.Q.	
29	vend.	st Maxime.	10	DÉCADI	FAULX.	8		
30	sam.	s^e^ Emélie.	11	primedi	Fraise.	9		
31	dim.	PENTECOTE.	12	duodi.	Bétoine.	10		Eq. L.

Phases lunaires	Points lunaires	
P. L. le 6 à 6 h. 46 m. du s.	Eq. L. le 3 à 8 h. du s.	L. B. le 24 à 6 h. du s.
D. Q. le 14 à 5 h. 24 m. du s.	L. A. le 10 à 6 h. du s.	Eq. L. le 31 à 3 h. du m.
N. L. le 22 à 6 h. 45 m. du m.	Eq. L. le 18 à 6 h. du m.	
P. Q. le 28 à 11 h. 51 m. du s.		

An 1868 — CALENDRIER grégorien			An LXXVI — CALENDR. RÉPUBLICAIN et agenda agricole			CALENDRIER MÉTÉOROL. J. lun.	Phases lunaires	Points lunaires et solaires
JUIN			**PRAIRIAL**					
1	lundi	st Pamphile.	13	tridi.	Pois.	11		
2	mar.	st Pothin.	14	quart.	Acacia.	12		
3	merc.	se Clotilde.	15	quint.	CAILLE.	13		
4	jeudi	st Optat.	16	sextidi.	Œillet.	14		
5	vend.	st Génès.	17	septidi.	Sureau.	15	P.L.	
6	sam.	st Claude, év.	18	octidi.	Pavot.	16		
7	dim.	TRINITÉ.	19	nonidi.	Tilleul.	17		L. A.
8	lundi	st Médard.	20	DÉCADI	FOURCHE.	18		
9	mar.	se Marianne.	21	primedi	Barbeau.	19		
10	merc.	st Landri.	22	duodi.	Camomille.	20		Apogée.
11	jeudi	FÊTE-DIEU.	23	tridi.	Chèvrefeuille	21		
12	vend.	st Olympe.	24	quart.	Caille-lait.	22		
13	sam.	st Ant. de P.	25	quint.	TANCHE.	23	D.Q.	
14	dim.	st Rufin.	26	sextidi.	Jasmin.	24		Eq. L.
15	lundi	st Modeste.	27	septidi.	Verveine.	25		
16	mar.	st Fargeau.	28	octidi.	Thym.	26		
17	merc.	st Avit.	29	nonidi.	Pivoine.	27		
18	jeudi	se Marine, v.	30	DÉCADI	CHARIOT.	28		
			MESSIDOR					
19	vend.	st Gerv. st P.	1	primedi	Seigle.	29		
20	sam.	st Silvère.	2	duodi.	Avoine.	30	N.L.	Solstice.
21	dim.	st Leufroi.	3	tridi.	Oignon.	1		L. B.
22	lundi	st Alban.	4	quart.	Véronique.	2		Périgée.
23	mar.	st Jacques.	5	quint.	MULET.	3		
24	merc.	N. de st J. B.	6	sextidi.	Romarin.	4		
25	jeudi	st Prosper.	7	septidi.	Concombre.	5		
26	vend.	st Babolein.	8	octidi.	Echalotte.	6		
27	sam.	st Crescent.	9	nonidi.	Absinthe.	7		Eq. L.
28	dim.	st Irénée.	10	DÉCADI	FAUCILLE.	8	P.Q.	
29	lundi	st Pier. s. Pa.	11	primedi	Coriandre.	9		
30	mar.	C. de s. Paul	12	duodi.	Artichaut.	10		

Phases lunaires

P. L. le 5 à 7 h. 4 m. du m.
D. Q. le 13 à 10 h. 28 m. du m.
N. L. le 20 à 2 h. 54 m. du s.
P. Q. le 27 à 6 h. du mat.

Points lunaires

L. A. le 7 à 3 h. du matin.
Eq. L. le 14 à 3 h. du soir.
L. B. le 21 à 1 h. du mat.
Eq. L. le 27 à 9 h. du mat.

An 1868 — CALENDRIER grégorien			An LXXVI — CALENDR. RÉPUBLICAIN et agenda agricole			CALENDRIER MÉTÉOROL. — l. lun.	Phases lunaires	Points lunaires et solaires
JUILLET			**MESSIDOR**					
1	merc.	st Léonore.	13	tridi.	Giroflée.	11		
2	jeudi	Vis. de la Vrge	14	quart.	Lavande.	12		
3	vend.	st Anatole, év.	15	quint.	CHAMOIS.	13		
4	sam.	se Berthe.	16	sextidi.	Tabac.	14	P. L.	L. A.
5	dim.	se Zoé, mart.	17	septidi.	Groseille.	15		
6	lundi	st Tranquillin	18	octidi.	Gesse.	16		
7	mar.	se Aubierge.	19	nonidi.	Cerise.	17		Apogée
8	merc.	se Elisabeth.	20	DÉCADI	PARC.	18		
9	jeudi	st Cyrille.	21	primedi	Menthe.	19		
10	vend.	se Félicité.	22	duodi.	Cumin.	20		
11	sam.	Tr. de st Ben.	23	tridi.	Haricot.	21		Eq. L.
12	dim.	st Gualbert.	24	quart.	Orcanète.	22		
13	lundi	st Gabriel.	25	quint.	PINTADE.	23	D. Q.	
14	mar.	st Bonavent.	26	sextidi.	Sauge.	24		
15	merc.	st Henri, emp.	27	septidi.	Ail.	25		
16	jeudi	st Eustach. év.	28	octidi.	Vesce.	26		
17	vend.	st Alexis.	29	nonidi.	Blé.	27		L. B.
18	sam.	st Clair.	30	DÉCADI	CHALEMIE.	28		Q. Conj.
			THERMIDOR					
19	dim.	st Vinc. de P.	1	primedi	Epeautre.	29	N. L.	
20	lundi	se Marguerit.	2	duodi.	Bouillon bl.	1		Périgée
21	mar.	st Victor, m.	3	tridi.	Melon.	2		
22	merc.	se Marie Mad.	4	quart.	Ivraie.	3		
23	jeudi	st Apollinaire	5	quint.	BÉLIER.	4		
24	vend.	se Christine.	6	sextidi.	Prêle.	5		Eq. L.
25	sam.	st Jacq. Maj.	7	septidi.	Armoise.	6		
26	dim.	T. de st Marc.	8	octidi.	Carthame.	7	P. Q.	
27	lundi	st Pantaléon.	9	nonidi.	Mûres.	8		
28	mar.	se Anne.	10	DÉCADI	ARROSOIR.	9		
29	merc.	se Marthe.	11	primedi	Panis.	10		
30	jeudi	st Sylvain.	12	duodi.	Salicor.	11		
31	vend.	st Germain.	13	tridi.	Abricot.	12		L. A.

Phases lunaires

P. L. le 4 à 8 h. 49 m. du s.
D. Q. le 13 à 0 h. 50 m. du m.
N. L. le 19 à 10 h. 6 m. du s.
P. Q. le 26 à 2 h. 1 m. du s.

Points lunaires

L. A. le 4 à midi.
Eq. L. le 11 à minuit.
L. B. le 18 à 4 h. du soir.
Eq. L. le 24 à 5 h. du soir.
L. A. le 31 à 6 h. du soir.

An 1868 — CALENDRIER grégorien			An LXXVI — CALENDR. RÉPUBLICAIN et agenda agricole			CALENDRIER MÉTÉOROL. J. lun.	Phases lunaires	Points lunaires et solaires
AOUT			**THERMIDOR**					
1	sam.	se Sophie.	14	quart.	Basilic.	13		
2	dim.	st Eteinne, p.	15	quint.	BREBIS.	14		
3	lundi	st Geoffroy.	16	sextidi.	Guimauve.	15	P.L.	Apogée.
4	mar.	st Dominique	17	septidi.	Lin.	16		
5	merc.	st Yon.	18	octidi.	Amande.	17		
6	jeudi	Tr. de N.-S.	19	nonidi.	Gentiane.	18		
7	vend.	st Gaëtan.	20	DÉCADI	ECLUSE.	19		
8	sam.	st Justin, m.	21	primedi	Carline.	20		Eq. L.
9	dim.	st Romain.	22	duodi.	Caprier.	21		
10	lundi	st Laurent.	23	tridi.	Lentille.	22		
11	mar.	S. de la se C.	24	quart.	Aunée.	23	D.Q.	
12	merc.	se Claire, v.	25	quintidi	LOUTRE.	24		Conjug.
13	jeudi	st Hippolyte.	26	sextidi.	Myrrhe.	25		
14	vend.	st Eusèbe.	27	septidi.	Colza.	26		
15	sam.	ASSOMPTION.	28	octidi.	Lupin.	27		L. B.
16	dim.	st Roch, conf.	29	nonidi.	Coton.	28		
17	lundi	st Mammès.	30	DÉCADI	MOULIN.	29		Périgée.
			FRUCTIDOR					
18	mar.	se Hélène, im	1	primedi	Prune.	1	N.L.	Conjug.
19	merc.	st Louis, év.	2	duodi.	Millet.	2		
20	jeudi	st Bernard, a.	3	tridi.	Lycoperde.	3		
21	vend.	st Privat.	4	quart.	Escourgeon.	4		Eq. L.
22	sam.	st Symphor.	5	quintidi	SAUMON.	5		
23	dim.	st Sidoine, év.	6	sextidi.	Tubéreuse.	6		
24	lundi	st Barthél.	7	septidi.	Sucrion.	7		
25	mar.	st Louis, roi.	8	octidi.	Apocyn.	8	P.Q.	
26	merc.	st Zéphir. p.	9	nonidi.	Réglisse.	9		
27	jeudi	st Césaire.	10	DÉCADI	ECHELLE.	10		L. A.
28	vend.	st Augustin.	11	primedi	Pastèque.	11		
29	sam.	st Médéric, a.	12	duodi.	Fenouil.	12		Apogée.
30	dim.	st. Fiacre.	13	tridi.	Epine-vinette	13		
31	lundi	st Ovide.	14	quart.	Noix.	14		

Phases lunaires

P. L. le 3 à 0 h. 1 m. du s.
D. Q. le 11 à 0 h. 38 m. du s.
N. L. le 18 à 5 h. 21 m. du m.
P. Q. le 25 à 0 h. 56 m. du m.

Points lunaires

Eq. L. le 8 à 7 h. du m.
Conj. le 12 vers 7 h. du m.
L. B. le 15 à 2 h. du m.
Conj. le 18 vers 6 h. du m.
Eq. L. le 21 à 2 h. du m.
L. A. le 27 à minuit.

An 1868 — CALENDRIER grégorien			An LXXVI — CALENDR. RÉPUBLICAIN et agenda agricole			CALENDRIER MÉTÉOROL. J. lun.	Phases lunaires	Points lunaires et solaires
SEPTEMBRE			**FRUCTIDOR**					
1	mar.	st Lazare.	15	quint.	GOUJON.	15		
2	merc.	st Antonin.	16	sextidi.	Orange.	16	P.L.	
3	jeudi	st Ambroise.	17	septidi.	Cardière.	17		
4	vend.	se Rosalie.	18	octidi.	Nerprun.	18		Eq. L.
5	sam.	st Bertin, ab.	19	nonidi.	Sagette.	19		
6	dim.	st Eleuth., p.	20	DÉCADI	HOTTE.	20		Conjug.
7	lundi	st Cloud, pr.	21	primedi	Eglantier.	21		
8	mar.	Nat. de la V.	22	duodi.	Noisette.	22		
9	merc.	st Omer, év.	23	tridi.	Houblon.	23	D.Q.	
10	jeudi	st Nicolas.	24	quart.	Sorgho.	24		
11	vend.	st Hyacinthe.	25	quint.	ECREVISSE.	25		L. B.
12	sam.	st Raphaël.	26	sextidi.	Bigarrade.	26		
13	dim.	st Maurille.	27	septidi.	Verge d'or.	27		
14	lundi	Ex. de la Cr.	28	octidi.	Maïs.	28		
15	mar.	st Nicomède.	29	nonidi.	Marron.	29		Périgée.
16	mer.	se Euphémie.	30	DÉCADI	CORBEILLE	30	N.L.	
			Jours complém.		**Fêtes.**			
17	jeudi	st Lambert.	1	primedi	de la Vertu.	1		Eq. L. Conjug.
18	vend.	st Jean Chr.	2	duodi.	du Génie.	2		
19	sam.	st Janvier.	3	tridi.	du Travail.	3		
20	dim.	st Eustache.	4	quart.	de l'Opinion.	4		
21	lundi	s. Matth., ap.	5	quint.	des Récomp.	5		
22	mar.	st Maurice.	6	sextidi.	de la Vieillesse.	6		Équinoxe.
			VENDÉM. AN LXXVII					
23	merc.	se Thècle.	1	primedi	Raisin.	7	P.Q.	
24	jeudi	st Andoche.	2	duodi.	Safran.	8		L. A.
25	vend.	st Firmin, év.	3	tridi.	Châtaigne.	9		
26	sam.	se Justine.	4	quart.	Colchique.	10		
27	dim.	st Cosme, st D.	5	quint.	CHEVAL.	11		Apogée.
28	lundi	st Venceslas.	6	sextidi.	Balsamine.	12		
29	mar.	st Michel, ar.	7	septidi.	Carotte.	13		
30	merc.	st Jérôme, pr.	8	octidi.	Amaranthe.	14		

Phases lunaires	Points lunaires	
P. L. le 2 à 4 h. 7 m. du m.	Eq. L. le 4 à 1 h. du s.	Conjug. le 17 vers 3 h. du m.
D. Q. le 9 à 10 h. 13 m. du s.	Conjug. le 6 vers 2 h. du m.	Eq. L. le 17 à une h. du s.
N. L. le 16 à 1 h. 29 m. du s.	L. B. le 11 à midi.	L. A. le 24 à 6 h. du m.
P. Q. le 23 à 3 h. 31 m. du s.		

An 1868 — CALENDRIER grégorien			An LXXVII — CALENDR. RÉPUBLICAIN et agenda agricole			CALENDRIER MÉTÉOROL. J. lun.	Phases lunaires	Points lunaires et solaires
OCTOBRE			**VENDÉMIAIRE**					
1	jeudi	st Rémy, év.	9	nonidi.	Panais.	15	P.L.	Eq. L.
2	vend.	ss. Anges gar.	10	DÉCADI	CUVE.	16		
3	sam.	st Denis l'Ar.	11	primedi	Pom. de ter.	17		
4	dim.	st Fran. d'As.	12	duodi.	Immortelle.	18		
5	lundi.	se Aure, abb.	13	tridi.	Potiron.	19		
6	mar.	st Bruno, ins.	14	quart.	Réséda.	20		
7	merc.	se Julie.	15	quint.	ANE.	21		
8	jeudi	st Daniel.	16	sextidi.	Belle-de-nuit.	22		L. B.
9	vend.	st Denis, év.	17	septidi	Citrouille.	23	D.Q.	
10	sam.	st Paulin, év.	18	octidi.	Sarrasin.	24		
11	dim.	st Nicaise.	19	nonidi.	Tournesol.	25		
12	lundi	st Wilfrid.	20	DÉCADI	PRESSOIR.	26		
13	mar.	st Géraud, c.	21	primedi	Chanvre.	27		Périgée.
14	merc.	st Caliste, p.	22	duodi.	Pêche.	28		Eq. L.
15	jeudi	se Thérèse.	23	tridi.	Navet.	29	N.L.	
16	vend.	st Gal, év.	24	quart.	Amaryllis.	1		Conjug.
17	sam.	st Florent.	25	quint.	BŒUF.	2		
18	dim.	st Luc, évan.	26	sextidi.	Aubergine.	3		
19	lundi	st Savinien.	27	septidi.	Piment.	4		
20	mar.	st Caprais.	28	octidi.	Tomate.	5		
21	merc.	se Ursule.	29	nonidi.	Orge.	6		L. A.
22	jeudi	st Mellon, év.	30	DÉCADI	TONNEAU.	7		
			BRUMAIRE					
23	vend.	st Hilarion.	1	primedi	Pomme.	8	P.Q.	
24	sam.	st Magloire.	2	duodi.	Céleri.	9		Apogée.
25	dim.	ss. Crép. et C.	3	tridi.	Poire.	10		Conjug.
26	lundi	st Evariste.	4	quart.	Betterave.	11		
27	mar.	st Frumence.	5	quint.	OIE.	12		
28	merc.	st Simon.	6	sextidi.	Héliotrope.	13		
29	jeudi	st Narcisse.	7	septidi.	Figue.	14		Eq. L.
30	vend.	st Lucain.	8	octidi.	Scorsonère.	15		
31	sam.	st Queutin.	9	nonidi.	Alizier.	16	P.L.	

Phases lunaires	Points lunaires	
P. L. le 1 à 8 h. 7 m. du s.	Eq. L. le 1 à 7 h. du s.	L. A. le 21 à 3 h. du s.
D. Q. le 9 à 6 h. 28 m. du m.	L. B. le 8 à 5 h. du s.	Conj. le 25 à 8 h. du s.
N. L. le 15 à 11 h. 11 m. du s.	Eq. L. le 14 à 11 h. du s.	Eq. L. le 29 à 2 h. du m.
P. Q. le 23 à 9 h. 52 m. du m.	Conj. le 16 vers 10 h. du s.	
P. L. le 31 à 11 h. 15 m. du m.		

NOVEMBRE		BRUMAIRE	
1 dim.	Toussaint	10 DÉCADI	CHARRUE
2 lundi	*Trépassés.*	11 primedi	Salsifis
3 mar.	s. Marcel év.	12 duodi	Mâcre
4 merc.	s. Charles év.	13 tridi	Topinambour
5 jeudi	s. Bertille.	14 quarti.	Endive
6 vend.	s. Léonard.	15 quinti	Dindon
7 sam.	s. Willibrod.	16 sextidi	Chervis
8 dim.	ss. Reliques	17 septidi	Cresson
9 lundi	s. Mathurin.	18 octidi	Dentelaire
10 mar.	s. Léon pape	19 nonidi	Grenade
11 merc.	s. Martin év.	20 DÉCADI	HERSE
12 jeudi	s. René év.	21 primedi	Bacchante
13 vend.	s. Brice év.	22 duodi	Azerole
14 sam.	s. Bertrand.	23 tridi	Garance
15 dim.	s. Eugène	24 quarti	Orange
16 lundi	s. Edmond ar.	25 quinti	Faisan
17 mar.	s. Agnan év.	26 sextidi	Pistache
18 merc.	s. Odon.	27 septidi	Macjonc
19 jeudi	ste Elisabeth.	28 octidi	Coing
20 vend.	s. Edmond r.	29 nonidi	Cormier
21 sam.	Pr. de la Vierge	30 DÉCADI	ROULEAU

FRIMAIRE

22 dim.	ste Cécile	1 primedi	Raiponce
23 lundi	s. Clément.	2 duodi	Turneps
24 mar.	s. Séverin	3 tridi	Chicorée
25 merc.	ste Catherine	4 quarti	Nèfle
26 jeudi	[illegible]	5 quinti	Cochon
27 vend.	s. Maxime	6 sextidi	Mâche
28 sam.	s. Sosthènes	7 septidi	Chou-fleur
29 dim.	s. Saturnin	8 octidi	M[illegible]
30 lundi	s. André ap.	9 nonidi	[illegible]
[illegible]	[illegible]	10 [illegible]	[illegible]

CALENDRIER grégorien			CALENDR. RÉPUBLICAIN et agenda agricole			
DÉCEMBRE			**FRIMAIRE**			
1	mar.	st Eloi, év.	10	DÉCADI	PIOCHE.	18
2	merc.	st F. Xavier.	11	primedi	Cire.	19
3	jeudi	st Fulgence.	12	duodi.	Raifort.	20
4	vend.	se Barbe.	13	tridi.	Cèdre.	21
5	sam.	st Sabbas, ab.	14	quart.	Sapin.	22
6	dim.	st Nicolas.	15	quint.	CHEVREUIL.	23
7	lundi	se Fare, vier.	16	sextidi.	Ajonc.	24
8	mar.	Conception.	17	septidi.	Cyprès.	25
9	merc.	se Gorgonie.	18	octidi.	Lierre.	26
10	jeudi	se Valère, v.	19	nonidi.	Sabine.	27
11	vend.	st Fuscien.	20	DÉCADI	HOYAU.	28
12	sam.	st Valery.	21	primedi	Erable sucré.	29
13	dim.	se Luce, v. m.	22	duodi.	Bruyère.	30
14	lundi	st Nicaise, ar.	23	tridi.	Roseau.	1
15	mar.	st Mesmin.	24	quart.	Oseille.	2
16	merc.	se Adélaïde.	25	quint.	GRILLON.	3
17	jeudi	se Olympiade.	26	sextidi.	Pignon.	4
18	vend.	st Gatien, év.	27	septidi.	Liège.	5
19	sam.	st Timoléon.	28	octidi.	Truffe.	6
20	dim.	st Philégone.	29	nonidi.	Olive.	7
21	lundi	st Thomas, a.	30	DÉCADI	PELLE.	8
			NIVOSE			
22	mar.	st Fabien.	1	primedi	Tourbe.	9
23	merc.	se Victoire.	2	duodi.	Houille.	10
24	jeudi	se Delphine.	3	tridi.	Bitume.	11
25	vend.	NOEL.	4	quart.	Soufre.	12
26	sam.	st Etienne, m.	5	quint.	CHIEN.	13
27	dim.	st Jean, év.	6	sextidi.	Lave.	14
28	lundi	ss. Innocents.	7	septidi.	Terre végét.	15
29	mar.	se Eléonore.	8	octidi.	Fumier.	16
30	merc.	se Colombe.	9	nonidi.	Salpêtre.	17
31	jeudi	st Sylvestre.	10	DÉCADI	FLÉAU.	18

[illegible]

Note sur l'Agenda agricole qui occupe la 6e colonne du triple Calendrier précédent.

L'*Agenda agricole* est comme la table des matières du cours de physique et d'histoire naturelle, dans ses applications à l'agriculture, que l'instituteur était tenu de faire à ses élèves. Chaque jour du calendrier portait le titre de la leçon, et chaque leçon coïncidait avec l'époque où le laboureur devait faire usage de l'objet dont le nom était inscrit sur ce jour de l'année.

Pendant les jours d'hiver, on ne rencontre dans ce calendrier que l'indication des substances brutes, propres à fertiliser le sol et à construire les habitations, ou des métaux dont la nature est d'un usage ordinaire. Dans les autres mois, le nom des plantes se lit à l'un des jours de l'époque où il importe de les semer ou de les récolter. Le Quintidi porte le nom d'un animal à élever ou à détruire ; le DÉCADI, celui d'un instrument aratoire ou de ménage.

On comprend l'immense avantage que retirerait l'éducation publique du rétablissement d'un pareil cours dans nos écoles primaires, et si, chaque jour après l'exercice choral qui devrait ouvrir la séance, l'instituteur commençait par décrire avec méthode et précision l'objet dont le nom se trouve inscrit à la date de cette journée, pour en exposer les caractères, la nature, la composition, les usages pratiques ou les dangers, et pour faire comme toucher du doigt toutes ces indications à ses élèves, en mettant pendant la leçon chaque chose à leur disposition.

L'instituteur aurait soin chaque jour de préparer sa leçon du lendemain, comme s'il retournait lui-même à l'école. Cette tâche lui serait rendue facile dans les communes où le Conseil municipal a eu le bon esprit de fonder une bibliothèque, un musée et une exposition publique. Dans les autres communes, la municipalité ne se refuserait pas à voter des fonds pour procurer à l'instituteur communal les quatre ou cinq ouvrages qui lui seraient, pour ce cours, d'une indispensable nécessité.

N° VII

PRÉVISION DU TEMPS

POUR CHAQUE MOIS DE

L'ANNÉE 1868

D'APRÈS LES PRINCIPES

du

NOUVEAU SYSTÈME DE MÉTÉOROLOGIE (*)

(*) Le *Nouveau système de météorologie*, dont la connaissance est indispensable à quiconque s'occupe de cette science, a été développé dans les *Almanachs* des trois années précédentes. Nous y renvoyons nos lecteurs.

PRÉVISION DU TEMPS

POUR CHAQUE MOIS DE

L'ANNÉE 1868

D'APRÈS LES PRINCIPES ÉTABLIS DANS LE

NOUVEAU SYSTÈME DE MÉTÉOROLOGIE.

JANVIER.

Abaissement de la colonne barométrique et élévation de la température, du 1er au 4, le 8, du 10 au 12, du 13 au 16, le 20, le 22, du 25 au 29.

Élévation de la colonne barométrique et abaissement de la température du 5 au 8, le 10, du 17 au 19, le 21, les 23 et 24, les 30 et 31.

Tempêtes sur mer et fortes marées du 1er au 4, du 10 au 11, du 13 au 16, du 24 au 28. (*)

FEVRIER.

Abaissement de la colonne barométrique et élévation de la température du 1er au 2, du 6 au 7, du 9 au 12, le 15, du 19 au 22, du 24 au 26.

Elévation de la colonne barométrique et abaissement de la température du 2 au 6, le 8, du 12 au 14, du 16 au 19, le 24, du 27 au 29.

Tempêtes sur mer et fortes marées les 6 et 7, du 9 au 11, du 14 au 15, du 21 au 23, du 25 au 27.

MARS.

Elévation de la colonne barométrique et abais-

(*) Le grand abaissement de température qui a eu lieu en 1811, dès le commencement du mois, ne se reproduira probablement qu'à partir du 13, à cause de la permutation et transposition de l'apogée et du périgée.

sement de la température du 2 au 4, le 9, du 12 au 15, le 17, le 20, du 26 au 30.

Abaissement de la colonne barométrique et élévation de la température le 2, du 4 au 8, du 10 au 12, le 16, le 19, du 21 au 25.

Tempêtes sur mer et fortes marées, du 4 au 7, du 9 au 11, le 16, du 18 au 19, du 21 au 25.

AVRIL.

Abaissement de la colonne barométrique et élévation de la température du 1er au 6, le 8, du 15 au 21, le 23, le 28, le 30.

Elévation de la colonne barométrique et abaissement de la température du 9 au 15, le 22, du 24 au 27, le 30.

Tempêtes sur mer et fortes marées du 3 au 6, du 20 au 22, le 23, les 28 et 30.

MAI.

Abaissement de la colonne barométrique et élévation de la température du 1er au 4, les 6 et 8, du 11 au 13, du 15 au 18, le 21, le 23, du 25 au 28, du 30 au 31.

Elévation de la colonne barométrique et abaissement de la température du 4 au 5, du 8 au 10, le 14, du 18 au 20, du 24 au 25, le 28.

Tempêtes sur mer et fortes marées du 1er au 4, du 19 au 20, du 15 au 17, du 24 au 26, du 30 au 31.

JUIN.

Elévation de la colonne barométrique et de la

température (*) du 1er au 3, du 6 au 7, le 11, le 13, du 15 au 18, le 21, le 28.

Abaissement de la colonne barométrique et de la température les 4 et 6, du 8 au 10, les 14 et 15, le 19, du 22 au 27.

Assez hautes marées les 4 et 6, vers le 14; les 18 et 20; fortes tempêtes et très-hautes marées du 22 au 24, du 26 au 28.

JUILLET.

Elévation de la colonne barométrique et de la température du 1er au 4, le 12, du 14 au 18, le 20, les 25 et 26, du 28 au 31.

Abaissement de la colonne barométrique et de la température du 5 au 7, du 9 au 11, le 13, le 18, et du 21 au 24, le 26.

Fortes marées et mauvais temps sur mer les 6 et 7, du 9 au 12, les 20 et 21, les 23 et 24, le 26.

AOUT.

Abaissement de la colonne barométrique et de la température du 1er au 3, du 5 au 8, les 11 et 12, du 16 au 18, du 20 au 21, le 25, du 28 au 31.

Elévation de la colonne barométrique et de la température le 4, du 9 au 10, du 14 au 15, du 22 au 24, du 26 au 28.

(*) Dans la saison froide, le thermomètre baisse toutes les fois que le ciel se découvre, et monte toutes les fois que le ciel se couvre, parce que les nuages interceptent la température froide qui règne dans les couches supérieures de l'atmosphère; c'est le contraire pendant la saison chaude, parce que les nuages interceptent la température chaude qui règne alors dans les couches supérieures de l'atmosphère; or les nuages arrivent quand le baromètre baisse, et se dissipent quand il monte.

Mauvais temps sur mer et hautes marées, du 5 au 9, le 12, du 17 au 21, le 25, les 29 et 31.

SEPTEMBRE.

Abaissement de la colonne barométrique et de la température le 1er, du 3 au 6, le 9, du 12 au 15, les 17 et 18, le 23, du 25 au 27, du 29 au 30.

Elévation de la colonne barométrique et de la température le 2, les 7 et 8, les 10 et 11, le 16, du 19 au 22, le 24, le 27.

Mauvais temps sur mer et fortes marées, du 4 au 6, du 14 au 18, du 25 au 26, du 28 au 30.

OCTOBRE.

Elévation de la colonne barométrique et abaissement de la température du 2 au 4, du 6 au 9, le 15, du 18 au 21, le 23, le 31.

Abaissement de la colonne barométrique et élévation de la température le 9, du 10 au 17, le 22, du 24 au 26, du 28 au 30.

Tempêtes sur mer et fortes marées, du 12 au 17, le 22, du 24 au 25, du 27 au 30.

NOVEMBRE.

Elévation de la colonne barométrique et abaissement de la température du 1er au 4, le 7, le 12, le 14, les 17 et 18, le 22, du 25 au 28, le 30.

Abaissement de la colonne barométrique et élévation de la température du 5 au 6, du 8 au 11, le 13, les 15 et 16, du 19 au 21, du 23 au 25, le 29.

Mauvais temps sur mer et fortes marées, les 5 et 6, du 8 au 12, du 18 au 20, du 22 au 26.

DECEMBRE.

Elévation de la colonne barométrique et abaissement de la température du 1er au 2, le 7, du 9 au 12, le 14, le 16, du 23 au 25, du 27 au 29.

Abaissement de la colonne barométrique et élévation de la température du 3 au 5, du 7 au 8, le 13, le 15, du 18 au 21, le 23, le 26; du 30 au 31.

Mauvais temps sur mer et fortes marées du 3 au 5, du 7 au 9, le 13, du 16 au 17, du 19 au 21, le 23, les 30 et 31.

Remarque finale. — Ces prévisions pour chaque mois se réaliseront avec une grande probabilité dans l'hémisphère boréal ; les prévisions pour l'hémisphère austral en sont la contre-partie. L'abaissement et l'élévation de la colonne barométrique éprouvent toujours une interruption, dans le caractère de leur période, au bout de trois jours au moins; car l'expérience démontre que la vague atmosphérique met tout ce temps à accomplir son mouvement d'ascension et celui de son abaissement. On pourra donc, à l'aide des points de repère que nous avons établis, prévoir, avec une espèce de certitude, le changement de temps en bien ou en mal, deux ou trois jours à l'avance.

N° VIII

PHYSIONOMIE GÉNÉRALE

DE

CHAQUE MOIS DE L'ANNÉE 1868

D'APRÈS LA TABLE DRESSÉE EN 1805

PAR

L'ABBÉ L. COTTE (*)

L'un des météorologues et des philosophes les plus distingués de la fin du XVIIIe et du commencement du XIXe siècle

(*) Grand-Jean de Fouchy, de l'Observatoire de Paris, ayant signalé, en 1674, à l'abbé L. Cotte, les rapports de la période lunaire de dix-neuf ans, avec le retour, an par an, des mêmes phénomènes de température moyenne, ce dernier s'appliqua à vérifier cette donnée sur la série des observations météorologiques que l'Observatoire mit à sa disposition; et il en dressa un tableau pour chaque année, à partir de 1805 jusqu'en 1898 inclusivement. C'est de ce travail que nous avons extrait ce qui concerne l'année 1868.

ANNÉE 1868

D'APRÈS L'ABBÉ COTTE

JANVIER.

TEMPÉRATURE MOYENNE : très-douce, très-humide. — *Vent dominant* : sud-ouest. — *Jours de pluie* : 15.— *Quantité d'eau* : soixante et seize millimètres.

FÉVRIER.

TEMPÉRATURE MOYENNE : froide, assez humide. — *Vents dominants* : nord et sud-ouest. — *Jours de pluie* : 10. — *Quantité d'eau* : trente-cinq millimètres.

MARS.

TEMPÉRATURE MOYENNE : froide, sèche. — *vent dominant* : nord-est. — *Jours de pluie* : 8. — *Quantité d'eau* : vingt-sept millimètres.

AVRIL.

TEMPÉRATURE MOYENNE : Froide, sèche. — *Vents dominants* : sud, sud-ouest. — *Jours de pluie* : 11. — *Quantité d'eau* : quarante-sept millimètres.

MAI.

TEMPÉRATURE MOYENNE : froide, assez sèche. —

Vent dominant : sud-ouest. — *Jours de pluie* : 13. *Quantité d'eau* : quarante-neuf millimètres.

JUIN.

Température moyenne : froide, humide. — *Vent dominant* : sud-ouest. — *Jours de pluie* : 13. — *Quantité d'eau* : quatre-vingt-un millimètres.

JUILLET.

Température moyenne : froide, humide. — *Vents dominants* : nord, nord-ouest. — *Jours de pluie* : 16. — *Quantité d'eau* : quatre-vingt-dix millimètres.

AOUT.

Température moyenne : variable, sèche. — *Vents dominants* : sud-ouest, nord-est. — *Jours de pluie* : 9. — *Quantité d'eau* : cinquante-six millimètres.

SEPTEMBRE.

Température moyenne : froide, sèche : — *Vent dominant* : sud-ouest. — *Jours de pluie* : 10. — *Quantité d'eau* : cinquante-neuf millimètres.

OCTOBRE.

Température moyenne : douce, sèche. — *Vent dominant* : sud-ouest. — *Jours de pluie* : 13. — *Quantité d'eau* : quatre-vingt-trois millimètres.

NOVEMBRE.

Température moyenne : douce, sèche. — *Vent*

dominant : sud-ouest. — *Jours de pluie : Quantité d'eau :* trente-six millimètres.

DÉCEMBRE.

Température moyenne : douce, humide. — *Vent dominant :* sud-ouest. — *Jours de pluie :* 13. — *Quantité d'eau :* quatre-vingt-un millimètres.

N° IX

OBSERVATIONS

RECUEILLIES A L'OBSERVATOIRE DE PARIS

PENDANT L'ANNÉE 1811,

ANNÉE QUI, DANS LA PÉRIODE LUNAIRE DE 19 ANS,

CORRESPOND A LA PRÉSENTE ANNÉE 1868

Il est probable que, pour l'Observatoire de Paris, les phénomènes de l'année 1811 se reproduiront en l'année 1868 à peu près aux mêmes époques, avec des modifications de localités et de latitudes pour les autres régions de la France, en tenant compte des différences entre les époques des périgées et des apogées des deux années, ainsi que de l'apparition imprévue d'une comète. Voir le *Traité de météorologie*, année 1867.

L'abaissement de la colonne barométrique étant plus forte, à l'époque des périgées qu'à celle des apogées, il s'ensuit que, toutes autres circonstances égales d'ailleurs, le temps sera plus mauvais sous la première que sous la seconde influence. Il suit de là que les périgées et les apogées du Cycle lunaire de dix-neuf ans ne tombant pas les mêmes jours du mois des deux années correspondantes, on devra, sur le calendrier comparatif de l'année 1811, transporter aux jours où tombent les périgées de l'année 1868 les indications de l'aspect du ciel des jours où tombent les périgées de l'année 1811; de même pour les apogées.

N. B.— Nous devons faire observer qu'en 1811, du 25 mars au 11 avril, une comète a été observée au sud de notre horizon, ce dont probablement il faudra tenir compte.

OBSERVATOIRE (JANVIER 1811) DE PARIS

J. sol.	BAROMÈTRE	THERMOM. minim. — maxim.	VENTS	ASPECT DU CIEL	Phases et points lunaires
1	762,42-759,46	— 7,9— 6,4	N E	Brouil., nuag., couv.	
2	757,36-752,50	—10,3— 6,3	N	C. br., n., neige, br.	Eq. L.
3	751,00-753,00	— 9,8— 5,0	N O	C. br., n., neige, br.	P. Q.
4	751,36-748,52	—10,2— 3,4	E	Brum., couv., neige.	
5	747,50-749,00	— 6,5— 5,2	N E	Neige, id., couvert.	
6	749,00-749,49	— 6,0— 5,0	N	Couvert, id., id.	
7	750,14-751,38	— 6.0— 3,0	N E	Couv., id., nuageux.	
8	751,00-752.21	— 6,5— 2,5	N E	Brouil., grésil, id.	L. B.
9	753,82-756,50	— 2,0+ 1,5	N	Couv., br. ép., couv.	P. L.
10	757,80-758,92	— 0,0+ 3,0	S	Couv., brouil., couv.	
11	757,24-758,12	+ 1,0+ 4,0	S S E	Brouil., nuag., pluie.	Apog.
12	756,20-753,40	+ 1,0+ 6,3	S	Couv., nuag., éclairc.	
13	754,96-756,04	+ 5,8+ 7,5	S O	Couv., id., pluie.	
14	754,50-755,05	+ 5,2+ 9,3	S	P. pluie, couvert, id.	
15	754,00-756,08	+ 3,9+10,2	O	Couvert, id., pluie.	Eq. L.
16	759,50-763,81	+ 0,8+ 3,3	O	Grésil, neige, nuag.	
17	762,04-756,10	+ 2,4+ 8,4	S	Pl., neige, pl. fin., pl.	D. Q.
18	746,72-759,84	+ 2,8+10,5	N O	Couv., pl., superbe.	
19	765,86-771,72	+ 0,2+ 4,1	N O	Beau, a. beau, superb.	
0	770,74-764,36	— 2,5+ 2,9	E N E	Brouil., superbe, id.	
21	762,20-763,52	— 4,3+ 1,0	S E	Beau, brouil., couv.	
22	764,16-765,02	— 3,8+ 1,5	S O	Beau, brouil., id.	L. A.
23	765,50-766,90	— 4,3— 1,3	N O	Brouillard, id., id.	Q.-Conj.
2	766,00-767,50	— 3,0— 0,5	N E	Brouil., couv., nuag.	N. L.
25	769,39-768,22	— 5,8— 0,9	N	Brouil., beau, superb.	Périg.
26	765,82-759,32	— 8,5— 2,4	N O	Beau, brouil., nuag.	
27	753,08-748,72	+ 0,5+ 4,4	S O	Couv., p. pluie, beau.	
28	750,57-748,37	— 0,9+ 3,7	S O	Br., nuag., c., neige.	Eq. L.
29	746,33-752,18	— 3,5+ 1,0	N	Neige, lég. br., voile.	
30	751,50-745,19	— 2.0+ 3,2	S O	Br., neige fine, couv.	
31	741,44-740,10	+ 5,3+ 9,8	S	Couv., br., pl. fine.	P. Q.

Eau tombée, 28^{mm},74.

Phases lunaires

P. Q. le 1 à 10 h. 40 m. du s.
P. L. le 9 à 4. h. 26 m. du s.
D. Q. le 17 à 9 h. 21 m. du s.
N. L. le 24 à 5 h. 55 m. du s.
P. Q. le 31 à 11 h. 6 m. du m.

Points lunaires

L. B. le 8 à 6 h. du m.
Eq. L. le 15 à 6 h. du s.
L. A le 22 à midi.
Quasi-Conj. le 22.
Eq. L. le 28 à midi.

OBSERVATOIRE (**FÉVRIER 1811**) DE PARIS

J. sol.	BAROMÈTRE	THERMOM. minim. maxim.	VENTS	ASPECT DU CIEL	Phases et points lunaires
1	746,28-752,00	+ 3,3+ 8,8	S O	Voilé, beau, beau.	
2	751,50-746,70	+ 1,0+10,0	S E	Beau, nuag., voilé.	
3	748,16-757,98	+ 5,5+11,8	O	Nuag., nuag., couvert.	
4	762,48-761,40	+ 1,5+ 6,9	O	Brouil., vapor., sup.	L. B.
5	761,48-755,00	+ 0,0+ 6,7	S E	Couv., couv., voilé.	
6	752,50-750,82	+ 6,9+11,9	S E	Tr.-nuag., couv., tr.-n.	
7	753,60-759 80	+ 2,8+11,5	S O	Couvert, id., superbe.	Apog.
8	759,64-754,90	+ 1,5+10,		Brouil., nuag., couv.	P. L.
9	752,10-755,98	+10,3+12,8	S O fort	Pluie, id., couvert.	
10	759,12-756,42	+10,1+13,0	S O	Eclaricie, couv., id.	
11	752,68-750,14	+ 8,4+13,4	S O	Pluie, id., grêle.	
12	747,78-738,60	+ 8,3+12,0	S O	Pluie, id., couvert.	Eq. L.
13	746,76-743,66	+ 2,6+ 9,0	S O	Nuageux, nuag., pl.	
14	742,50-752,08	+ 4,3+ 6,4	O	Couv., pl., neig. t.-c.	
15	752,90-740,50	+ 1,5+ 9,8	S S E	Couvert, id., pluie.	Conj.
16	738,32-760,48	+ 3,8+ 7,2	ONO tr.-f.	Pluie, id., couvert.	
17	764,50-765,40	+ 0,4+ 5,9	N faible	Couv., tr.-nua., sup.	
18	763,54-760,34	+ 0,0+ 4,7	E S E	Tr.-beau, id., superb.	L. A.
19	757,93-753,84	— 1,8+ 4,3	E	Tr.-beau, id., superbe.	
20	752,28-751,60	+ 0,9+10,3	S	Lég. br., couv., tr.-c.	
21	749,00-738,76	+ 7,5+ 9,9	S	Pluie fine, couv., pl.	Conj.
22	738,10-739,96	+ 4,0+ 9,8	S S O	Brouil., pl., superbe.	Périg.
23	741,70-743,66	+ 2,3+10,3	S	Couv., nuag., nuag.	N. L.
24	741,90-737,82	+ 6,0+ 9,7	S	P. pl., couv., pl. fine.	Eq. L.
25	743,40-746 50	+ 2,3+ 9,4	SO	Tr.-b., pl. fine, orage.	
26	745,00-748,50	+ 6,5+14,3	SO	Bruine, couvert, id.	
27	751,41-758,60	+ 6,3+12,1	SO	Nuageux, av., nuag.	
28	759,30-752,32	+ 5,8+11 3	S	Brouil., bruine, id.	

Eau tombée, $65^{mm},70$.

Phases lunaires

P. L. le 8 à 11 h. 37 m. du m.
D. Q. le 16 à midi 12 m.
N. L. le 23 à 4. h. 14 m. du m.

Points lunaires

L. B. le 4 à 6 h. du m.
Eq. L. le 12 vers minuit
Conjug. le 15 après midi.
L. A. le 18 à minuit.
Conjug. le 22.
Eq. L. le 24 à minuit.

OBSERVATOIRE (MARS 1811) DE PARIS

J. du mois	BAROMÈTRE	THERMOM. minim.	THERMOM. maxim.	VENTS	ASPECT DU CIEL	Phases et points lunaires
1	751,00-757,22	+ 4,0	+ 9,8	O	Br., tr.-couv., a. beau.	
2	758,88-762,50	+ 4,5	+11,3	O N O	Nuag., tr.-couv.,,couv.	P. Q.
3	761,74-763,00	+ 8,3	+11,2	O	Bru., tr.-couv., couv.	L. B.
4	764,80-762,24	+ 8,5	+12,4	S O	Couv., tr.-couv.,couv.	
5	757,00-748,10	+ 6,4	+15,5	S E	Couv., vapor., nuag.	
6	748,30-756,28	+ 9,3	+11,2	O	Pluie, nuag., couvert.	
7	753,12-749,40	+ 8,5	+14,8	SSO fo.	Couv., bru., tr.-nuag.	Apog.
8	749,00-748,36	+ 7,2	+12,5	S	Couv., couv., pluie.	
9	757,74-770,62	+ 4,5	+ 8,3	N N E	Pluie, éclaircie, sup.	P. L.
10	772,40-771,74	— 0,1	+10,0	N E	Superbe, beau, beau.	Conj.
11	770,00-767,50	+ 1,5	+13,7	N E	Brouill., beau, vapor.	Eq. L.
12	766,84-765,12	+ 5,8	+11,9	N N E	A. beau, couv., brouil.	
13	764,32-762,30	+ 7,5	+13,5	N E	Couv., tr.-nuag., nuag.	
14	761,48-764,04	+ 5,0	+14,0	N E	Brouill., beau, superb.	
15	765,22-766,44	+ 2,2	+12,3	N E	Superbe. id., id.	
16	765,90-763,28	+ 0,8	+11,0	E	Superbe, id., id.	
17	763,36-761.86	+ 1,5	+12,0	N E	Superbe, id., id.	D. Q.
18	763,00-763,71	+ 0,4	+13,8	E S E	Superbe, id., id.	L. A.
19	764,60-766,52	+ 3,3	+15,5	O	Couvert brouil., couv.	
20	765,82-763,68	+ 7,9	+17,0	O	Couvert, id., id.	
21	763,42-761,68	+ 7,3	+16,5	S O	Couvert, id., éclairc.	
22	761,00-766,00	+ 5,8	+16,4	N	Couvert, nuag., beau.	Périg.
23	768,88-767,56	+ 2,3	+12,8	N E	Superbe, id., beau.	Eq. L.
24	766,13-762,20	+ 4,0	+15,8	E	Cerné, beau, id.	N. L.
25	761,08-758,26	+ 5,0	+15,7	E	Beau, superbe, beau.	Conj.
26	758,38-761,07	+ 3,0	+18,2	N E	Beau, superbe, beau.	
27	763,80-768,06	— 3,2	+13,7	E	Glace, superbe. beau.	
28	770,82-769,63	— 0,4	+15,1	S E	Glace, superbe, beau.	
29	770,80-768,20	+ 4,0	+13,4	S E	Beau, superbe, beau.	
30	766,60-762,31	+ 3,8	+16,7	S E	Beau, superbe. beau.	L. B.
31	761,64-759,76	+ 4,5	+15,5	S E	superbe, id., beau.	P. Q.

Eau tombée, 8^{mm},0.

Phases lunaires

P. Q. le 2 à 2 h. 6 m. du matin.
P. L. le 10 à 6 h. 28 m. du m.
D. Q. le 17 à 2 h. 13 m. du soir.
N. L. le 24 à 2 h. 22 m. du soir.
P. Q. le 31 à 7 h. 6 m. du soir.

Points lunaires

L. B. le 3 à 6 h. du soir.
Conjug. le 9 vers minuit.
Eq. L. le 11 à 6 h. du matin.
L. A. le 18 à 6 h. du matin.
Eq. L. le 24 vers midi.
Conjug. le 24 vers 6 h. du soir.
L. B. le 30 vers minuit.

OBSERVATOIRE (AVRIL 1811) DE PARIS

J. sol.	BAROMÈTRE	THERMOM. minim. maxim.	VENTS	ASPECT DU CIEL	Phases et points lunaires
1	759,30-756,80	+ 3,5+18,5	E	Beau, id. a. beau.	
2	756,42-757,58	+ 3,9+20,5	S	Brouil., vap., a. beau.	Apog.
3	757,80-758,48	+ 9,8+19,0	SSO tr.-f.	Couv., bruine, id.	
4	758,18-759,07	+11,5+17,3	N E	Bruine, id., couvert.	Conj.
5	759,00-757,28	+ 8,0+16,3	N E	Couvert, nuag., cerné.	
6	755,90-748,78	+ 3,3+19,3	S E	Cerné, br. tr.-n., nua.	Eq. L.
7	746,92-743,66	+ 6,0+13,2	S O	Nuag., pluie, orage.	P. L.
8	744,30-743,27	+ 3,5+ 7,5	N	Brouil., br., couvert.	
9	743,76-748,32	+ 3,3+ 4,5	N fort	Couvert, id., bruine.	
10	751,46-756,74	+ 1,4+ 9,1	N O	Couv., nua., a. beau.	
11	754,98-763,00	+ 2,5+ 7,5	N E	Pluie, conv., nuag.	
12	764,72-766,72	+ 0,9+11,8	N E	Glace, nuag., beau.	
13	765,18-762,68	+[illegible],8+11,0	S	Pluie, couvert, pluie.	
14	764,82-766,40	+10,3+18,0	N O	Pl., brouil., t.-c., c.	L. A.
15	765,81-763,28	+ 9,8+15,0	S O	Bruine, couvert, id.	
16	761,10-756,36	+11,0+18,0	S	Couv., br., pluie.	D. Q.
17	755,91-746,84	+ 7,5+14,8	S	Couv., nuag., beau.	
18	741,55-743,46	+ 6,0+16,5	S O	Pluie, tr.-nuag., beau.	
19	739,92-745,78	+ 5,5+14,2	S	Nuag., pluie, beau.	Périg.
20	746,82-745,44	+ 7,0+18,8	S	Couvert, tr.-nuag., n.	Eq. L.
21	746,64-751,46	+10,1+20,3	S	Pluie, tr.-nuag., a. b.	
22	751,04-747,50	+10,3+22,4	E S E	Nuag., beau, orage.	Conj.
23	747,96-751,54	+14,7+25,1	S E	Tr.-n., vaporeux, or.	N. L.
24	752,38-753,78	+13,0+24,5	N	Nuageux, id., id.	
25	751,72-753,41	+12,2+23,3	N O	Nuag., id., orage.	
26	752,12-747,50	+10,2+11,8	N O	Brouil., bruine, av.	
27	745,92-749,12	+ 9,3+17,2	N O	Tr.-nuageux, b., n.	L. B.
28	750,50-752,46	+ 9,5+17,0	S O	Bruine, tr.-nuag., n.	
29	749,46-754,72	+10,4+17,0	S O	Couv., écl., nuageux.	
30	756,12-758,40	+ 6,8+16,9	S O	Cerné, tr.-nuag., tr.-c.	P. Q.

Eau tombée, 59mm,45.

Phases lunaires

P. L. le 8 à 11 h. 13 m. du soir.
D. Q. le 16 à 6 h. 58 m. du matin.
N. L. le 23 à minuit 29 m.
P. Q. le 30 à 1 h. 12 m. du soir.

Points lunaires

Conjug. le 5 avant minuit.
Eq. L. le 7 vers midi.
L. A. le 14 vers midi.
Eq. L. le 20 vers 6 h. du soir.
Conjug. le 23 avant minuit.
L. B. le 27 vers midi.

OBSERVATOIRE [illegible]

Jours	BAROMÈTRE	THERMOM. min.	THERMOM. maxim.	VENTS	ASPECT DU CIEL
1	755,64-751,50	+11,0	+24,4	S S O	Carné, éclair., orage [illegible]
2	749,00-754,23	+12,8	+21,2	S O fort	Orage, couvert [illegible]
3	754,74-761,96	+10,5	+19,8	S O	Éclairc., couv. [illegible]
4	759,78-762,60	+ 9,3	+20,4	O S O	Carné, éclair. [illegible]
5	755,58-756,98	+12,8	+23,4	S S O	Voilé, couv. [illegible]
6	757,92-759,42	+ 9,7	+22,8	S O	Nuageux [illegible]
7	759,72-762,00	+13,5	+21,8	S O	Couvert [illegible]
8	757,58-760,52	+16,3	+30,7	S E	Vapor., nuag. [illegible]
9	767,28-765,38	+12,3	+21,0	S O	Pluie, nuag. [illegible]
10	763,58-759,74	+11,5	+22,8	S E	Nuag., couv. [illegible]
11	759,92-761,14	+11,4	+24,2	O S O	Carné, vapor. [illegible]
12	759,60-763,30	+11,8	+24,0	N O	P. pluie, pluie [illegible]
13	765,64-764,00	+ 8,0	+19,0	N O	Vapor., nuag., super. [illegible]
14	763,18-756,04	+ 8,3	+21,8	S E	Vapor., nuag., super. [illegible]
15	755,78-759,56	+12,8	+28,8	S O	Superbe, carné [illegible]
16	759,00-761,00	+12,9	+25,1	S O	Tr. nuageux [illegible]
17	762,22-767,12	+ 118	+23,0	N N O	Orage, nuag., pluie [illegible]
18	768,30-765,40	+12,8	+24,3	E N E	Carné, beau [illegible]
19	764,40-759,90	+12,0	+24,0	N E	Superbe, beau [illegible]
20	757,50-750,50	+12,0	+24,7	O S O	Beau, nuageux [illegible]
21	749,50-752,00	+10,0	+17,4	N	P. pl., couvert [illegible]
22	752,50-754,80	+10,5	+15,1	N	P. pluie, couvert [illegible]
23	754,60-751,84	+11,3	+19,0	N	Couvert, id. [illegible]
24	750,08-752,74	+12,5	+19,0	S E	Pluie [illegible]
25	752,06-756,24	+10,8	+21,0	S E	A. beau, couv. [illegible]
26	757,50-756,56	+10,0	+21,3	S	Vapor., couvert [illegible]
27	756,48-758,00	+12,3	+26,4	S O	Beau, nuageux [illegible]
28	758,02-755,44	+12,3	+26,8	N E	Nuageux [illegible]
29	756,26-754,16	+16,3	+28,3	S S O	Nuageux [illegible]
30	754,56-753,22	+14,5	+22,0	N O	Nuageux [illegible]

Eau tombée [illegible]

Phases lunaires

D. Q. le 6 à 11 h. 17 m. du s.

N. L. le 13 à 5 h. 24 m. du s.

P. Q. le 20 à 10 h. 11 m. du s.

P. L. le 29 à minuit 27 m.

[illegible]

OBSERVATOIRE — JUILLET 1911 — DE PARIS

	BAROMÈTRE		THERMOM.		VENTS	ASPECT DU CIEL
			minim.	maxim.		
1	753,16	754,60	+18,8	+24,2	S [illegible]	Couvert, id., pluie
2	754,00	758,50	+18,4	+22,5	N	Couvert, id., [illegible]
3	757,00	759,12	+13,0	+23,4	N	Couvert, nuag., [illegible]
4	759,72	762,48	+14,5	+18,7	N	Couvert, id., id.
5	762,04	763,40	+13,3	+19,0	N	Couv., [illegible]
6	761,62	759,88	+12,3	+20,5	O N O	[illegible]
7	758,00	760,76	+12,3	+21,0	O N O	[illegible]
8	761,30	758,90	+12,3	+18,0	O N O	Brume, couv., [illegible]
9	759,50	761,01	+9,5	+21,4	N O	Pluie, [illegible]
10	761,51	762,88	+14,0	+21,5	N	Humide, [illegible]
11	762,94	764,10	+13,0	+23,3	N O	Humide, nuag., [illegible]
12	764,36	761,80	+13,0	+25,5	N O	Beau, [illegible]
13	761,10	759,56	+14,8	+26,1	N O	Beau, nuag., [illegible]
14	759,00	757,74	+14,3	+26,4	S O	Beau, [illegible]
15	759,70	757,50	+12,5	+27,5	S	[illegible]
16	757,32	759,12	+18,3	+30,1	S O	Nuag., [illegible]
17	759,80	757,78	+17,3	+28,0	S O	Nuageux, [illegible]
18	757,84	755,50	+17,3	+27,4	S O	[illegible]
19	757,00	759,90	+18,3	+31,0	S O	[illegible]
20	758,00	762,58	+13,0	+14,6	O S	[illegible]
21	763,50	763,00	+12,3	+19,3	O S O	Nuageux, pluie, [illegible]
22	762,46	763,88	+11,3	+24,2	[illegible]	[illegible]
23	763,44	762,20	+17,0	+24,4	S O	Humide, nuag., [illegible]
24	763,88	765,30	+12,3	[illegible]	N	[illegible]
25	765,40	768,[illegible]	+13,5	+24,5	N O	[illegible]
26	766,06	769,62	+13,3	+24,7	N O	[illegible]
27	762,10	759,54	+16,8	+25,[illegible]	N O	Nuag., [illegible]
28	759,14	756,50	+14,3	+21,7	N E	[illegible]
29	756,12	758,42	+14,3	+28,0	O N O	[illegible]
30	759,42	761,60	+16,5	+22,8	N	Couvert, id., id.
31	759,80	757,58	+16,3	+23,5	N	Eclaircies, nuag., [illegible]

Eau tombée, [illegible]

[illegible]

OBSERVATOIRE (AOUT 1911) [illegible]

Jours	BAROMÈTRE	THERMOM. minim.	THERMOM. maxim.	VENTS	ASPECT DU CIEL	[illegible]
1	757,56-760,00	+16,5	+25,3	N O	Tr.-nuag., nua[illegible]	[illegible]
2	759,82-756,66	+16,0	+26,4	S E	Tr.-nuag., nua[illegible]	[illegible]
3	758,08-752,14	+15,0	+29,7	S E	Nuag., couve[illegible]	[illegible]
4	752,94-758,78	+14,8	+20,4	O	Couv., tr.-nu[illegible]	[illegible]
5	757,00-754,60	+13,3	+19,9	S O	Couv., pluie, [illegible]	[illegible]
6	755,72-751,94	+10,7	+20,0	S O	Beau, pluie, couve[illegible]	[illegible]
7	754,70-753,00	+14,5	+20,7	O	Couv., tr.-nuag., nua[illegible]	[illegible]
8	751,00-752,10	+13,3	+18,7	S O	Pluie, couvert, id. [illegible]	[illegible]
9	752,18-749,72	+10,5	+19,5	O	Nuag., orage, pluie [illegible]	[illegible]
10	750,45-754,20	+10,8	+18,3	N O	Nuageux, id. [illegible]	[illegible]
11	758,30-763,10	+ 9,3	+16,7	N O	Nuageux, id., [illegible]	[illegible]
12	764,90-767,80	+ 7,0	+19,5	N O	Nuag., couvert, id. [illegible]	[illegible]
13	768,18-766,64	+12,8	+21,8	S O	Couv., tr. nuag., [illegible]	[illegible]
14	766,20-767,08	+15,8	+22,2	N	Couv., pluie, nuag. [illegible]	[illegible]
15	768,00-765,20	+11,8	+21,0	N O	Nuag., id., à [illegible]	[illegible]
16	761,32-763,68	+10,5	+23,8	S O	Superb., à beau, sup[illegible]	[illegible]
17	762,42-763,80	+12,3	+22,3	N N O	Couv., nuag., [illegible]	[illegible]
18	763,92-760,14	+12,3	+25,1	N E	Vapor., id., superbe [illegible]	[illegible]
19	755,54-757,40	+14,8	+28,4	S O	Vaporeux, superbe, [illegible]	[illegible]
20	757,92-762,28	+13,5	+22,3	S O	Nuag., pluie, superb. [illegible]	[illegible]
21	761,20-766,50	+ 8,8	+20,4	O	Vapor., nuag., super[illegible]	[illegible]
22	766,22-763,42	+11,0	+22,3	O	Nuag., couvert, id. [illegible]	[illegible]
23	761,50-757,09	+15,7	+25,4	S S O	Couv., pluie, couvert [illegible]	[illegible]
24	754,78-750,92	+13,8	+25,5	S	Nuag., tr.-nuag., [illegible]	[illegible]
25	748,92-751,28	+14,8	+24,5	S O	Vaporeux, couvert, [illegible]	[illegible]
26	753,48-758,00	+14,3	+21,1	N O	Couv., nuag., [illegible]	[illegible]
27	758,52-759,90	+ 9,0	+23,0	O	Sup., à beau, [illegible]	[illegible]
28	761,70-764,76	+13,4	+21,4	O	Pluie, nuageux, [illegible]	[illegible]
29	763,60-762,90	+12,8	+24,5	S O	[illegible]	[illegible]
30	764,00-766,28	+17,0	+24,0	N O	Pluie, id., beau [illegible]	[illegible]
31	765,40-762,72	+12,3	+24,4	S	Superbe, nuag. [illegible]	[illegible]

Eau tombée [illegible]

Phases lunaires.

P. L. le 4 à 3 h. 18 m. du s.
D. Q. le 11 à 6 h. 16 m. du m.
N. L. le 19 à 2 h. 21 m. du m.
P. Q. le 27 à [illegible] du m.

L. A. le 1 vers minuit [illegible]
Éd. L. le [illegible]
Conjug. [illegible]
L. [illegible]
Conjug. de 18 [illegible]
Éd. L. le 22 vers 6 h. du m. [illegible]
L. A. le 29 vers midi [illegible]

OBSERVATOIRE (**SEPTEMBRE 1811**) DE PARIS

J. sol.	BAROMÈTRE	THERMOM. minim. maxim.	VENTS	ASPECT DU CIEL	Phases et points lunaires
1	763,02-765 08	+13,0+22,0	O	Cerné, couvert, beau.	
2	765,04-765,92	+10,0+21,0	N	Couv., tr.-nuag., beau.	Périg.
3	766,24-764,34	+10,3+19,0	N E	Beau, superbe, beau.	P. L.
4	763,66-761,42	+ 9,0+22,0	N E	Beau, superbe, beau.	Eq. L.
5	761,72-762,50	+11,8+25,1	N E	Brouill., sup., beau.	
6	762,84-761,74	+14,3+25,1	E N E	A. beau, sup., beau.	Conj.
7	762,84-764,02	+11,3+23,8	N E	Beau, superbe, beau.	
8	763,74-764,40	+ 9,8+25,5	N E	Beau, superbe, beau.	
9	766,22-765,20	+10,7+26,6	E N E	Beau, superbe, beau.	D. Q.
10	766,14-764,36	+ 9,8+27,3	E	Beau, superbe, beau.	L. B.
11	764,00-761,20	+10,5+28,0	S	Beau, superbe, beau.	
12	762,71-763,80	+13,0+29,4	N	Vapor., sup., beau.	
13	764,80-762,06	+13,8+26,2	N E	Vapor., sup., beau.	
14	761,18-760,22	+13,5+26,7	S	Vapor., sup., vapor.	
15	760,56-761,54	+14,8+25,1	O N O	Éclairc., nuag., pl.	
16	762,70-760,58	+14,3+22,3	N	Nuag., beau, sup.	Apog.
17	759,56-757,50	+10,0+23,5	E	Vaporeux, beau, sup.	Conj.
18	757,50-756,32	+ 8,8+25,0	E	Vapor., beau, tr.-beau.	N. L.
19	756,22-754,22	+16,3+26,0	S	T.-nuag., nuag., t.-b.	Eq. L.
20	751,38-749,72	+14,1+23,4	S	Nuag., couv., t.-nuag.	
21	751,00-752,80	+14,3+20,0	S	Couv., bruine, t.-nuag.	
22	754,62-759,00	+13,5+20,1	O S O	Pluie, bruine, nuag.	
23	757,22-749,88	+ 8,3+14,4	S	Nuag., pluie, id.	
24	750,60-752,70	+ 9,5+16,0	O	Nuageux, id., id.	
25	741,92-746,50	+11,8+18,5	S O fort	Pluie, id., vaporeux.	L. A.
26	744,00-750,10	+ 9,5+16,3	S fort	Vap., t.-nuag., averse.	P. Q.
27	746,00-746,48	+ 9,0+14,8	S O	Bruine, pluie, nuag.	
28	745,56-747,24	+ 7,8+15,8	S O	Nuag., tr.-nuag., av.	
29	749,36-755,16	+ 8,8+17,5	N O	Nuag., pluie, nuag.	
30	755,74-758,92	+12,3+17,5	O	T.-nuag., nuag., tr-n.	

Eau tombée, 45^{mm},55.

Phases lunaires

P. L. le 2 à 10 h. 44 m. du soir.
D. Q. le 9 à 4 h. 47 m. du soir.
N. L. le 17 à 7 h. 6 m. du soir.
P. Q. le 25 à 3 h. 58 m. du soir.

Points lunaires

Eq. L. le 4 vers midi.
Conjug. le 6 vers minuit.
L. B. le 10 vers minuit.
Conjug. le 17 vers minuit.
Eq. L. le 18 vers midi.
L. A. le 25 vers 6 h. du soir.

OBSERVATOIRE (OCTOBRE 1811) DE PARIS

J. lun.	BAROMÈTRE	THERMOM. minim. maxim.	VENTS	ASPECT DU CIEL	Phases et points lunaires
1	752,12-755,44	+11,3+19,3	S	Couv., orage, beau.	Eq. L. Périg. P. L.
2	757,82-759,56	+ 8,5+18,8	SO	Brouill., nuag., id.	
3	756,98-752,12	+11,2+21,4	SE	Nuag., voilé, bruine.	
4	749,28-754,60	+14,8+21,9	SO	Tr.-nuag., id., orage.	
5	758,10-756,52	+12,3+20,3	S	Tr.-nuag., pl , éclairs.	
6	760,04-764,50	+13,0+18,4	SO	Voilé, couv., tr.-nuag.	
7	764,00-763,04	+12,8+18,3	SO	Voilé, pluie, beau.	
8	762,50-763,20	+14,3+21,0	OSO	Voilé, écl., couvert.	L. B.
9	763,00-762,22	+13,0+22,9	S	Nuag., id., beau.	D. Q.
10	762,84-764,30	+10,4+18,7	O	Beau, brouill., brum.	
11	761,06-757,96	+14,0+18,9	SE	Brouill., nuag., beau.	
12	756,60-756,00	+14,5+20,1	SO	Couvert, id., pluie.	
13	760,50-763,00	+10,4+16,2	O	Sup., a. beau, nuag.	Apog.
14	761,64-760,26	+ 6,8+21,4	SO	A. beau, écl., beau.	
15	759,72-757,94	+10,8+22,2	S	Superbe, id., beau.	Eq.L.
16	757,80-760,34	+11,9+22,1	SE	Sup., ass. beau, beau.	
17	763,00-764,20	+10,3+20,5	S	Brouill., id., cerné.	N. L.
18	765,08-766,04	+10,8+21,2	SSO	Lég. br., id., beau.	Conj.
19	766,50-767,06	+11,3+20,4	ONO	Brouill., cerné, beau.	
20	767, 0-755,72	+10,8+13,8	NO	Couvert, id., brouill.	
21	763,32-751,30	+11,8+19,0	SE	Couvert, id., beau.	
22	752,80-755,72	+12,5+17,0	S	Couvert, nuag., beau.	L. A.
23	752,60-751,20	+10,3+19,3	S	Cerné, nuag., sup.	
24	750,50-745,90	+10,5+15,8	S	Nuag., pluie, id.	
25	745,90-742,68	+ 8,0+11,0	O	Bruine, pluie, couv.	P. Q.
26	731,78-733,30	+ 7,0+14,7	SSO	Br., tr.-nuag., pluie.	Conj.
27	733,72-731,32	+ 8,0+12,3	S fort	P. pl., couv., pluie.	
28	733,96-735,06	+ 7,2+13,3	S fort	Cerné, couv., pluie.	Périg.
29	738,42-742,68	+ 7,0+13,3	SO fort	Lég. br., beau, couv.	Eq.L.
30	740,64-745,10	+11,8+16,7	SO fort	Pl., tr.-nuag., nuag.	
31	752,76-759,88	+10,3+15,3	O fort	Cerné, t.-nuag., nuag.	P. L.

Eau tombée, **45 mmm,49.**

Phases lunaires

P. L. le 2 à 7 h. 24 m. du matin.
D. Q. le 9 à 7 h. 9 m. du matin.
N. L. le 17 à midi.
P. Q. le 25 à 1 h. 2 m. du matin.
P. L. le 31 à 5 h. 28 m. du soir.

Points lunaires

Eq. L. le 1er vers minuit.
L. B. le 8 vers 6 h. du matin.
E q. L. le 15 vers 6 h. du soir.
Conjug. le 18 vers midi.
L. A. le 22 vers minuit.
Conjug. le 26 vers midi.
Eq. L. le 29 vers midi.

OBSERVATOIRE (NOVEMBRE 1811) DE PARIS

J. sol.	BAROMÈTRE	THERMOM. minim. maxim.	VENTS	ASPECT DU CIEL	Phases et Points lunaires
1	759,72-758,88	+10,3+16,7	S	Brouill., br., tr.-nuag.,	
2	757,50-754,62	+11,3+18,3	S	T.-nuag., nuag., l'eau.	
3	758,00-754,08	+13,0+15,8	S	Couvert, id., pluie.	
4	755,50-764,48	+ 9,5+15,0	O	Couvert, id., beau.	L. B.
5	765,64-763,80	+ 4,8+13,9	SO fort	Beau, tr.-nuag., couv.	
6	763,16-757,54	+12,0+14,9	SO fort	Bruine, id., pluie.	
7	753,00-750,42	+12,3+14,6	S O	Bruine, pluie, id.	
8	747,00-749,60	+13,1+15,1	S O	Pluie, id., nuag.	D. Q.
9	753,14-755,60	+10,5+16,3	O	Nuag., t.-nuag., beau.	
10	749,94-746,54	+10,3+13,5	S O	Couvert, pluie, id.	Apog.
11	742,12-750,66	+ 9,3+12,6	O	Pl., éclaircie, nuag.	
12	755,78-760,66	+ 5,0+ 8,8	N O	Pluie, couvert, nuag.	Eq. L.
13	755,92-751,32	+ 7,0+ 9,5	S O	Bruine, id., nuag.	
14	757,50-754,34	+ 4,3+12,1	S S O	Nuag., couv., pluie.	
15	755,80-753,92	+ 6,3+11,0	O	Nuag., br., nuag.	
16	749,50-753,84	+ 3,3+ 8,5	O S O	Pluie, bruine, pluie.	N. L.
17	757,00-764,76	+ 6,8+ 9,6	N O	Pluie, bruine, beau.	nj.
18	766,66-768,68	+ 6,7+10,7	N O	Couvert, brouill., id.	
19	768,12-766,32	+ 7,8+11,5	N O	Couv., écl., bruine.	{L. A.
20	767,50-766,54	+ 4,5+ 8,4	N	Brouillard, beau, id.	{Conj.
21	766,04-765,80	+ 1,3+ 4,8	N N E	Brouill., écl., beau.	
22	752,64-761,72	— 0,3+ 3,5	E	Superbe, nuag., beau.	
23	762,90-763,78	— 1,9+ 2,5	N E	Superbe, beau, id.	P. Q.
24	765,30-766,50	— 1,3+ 4,6	N N O	Brouill., id., couvert.	
25	767,00-768,68	+ 2,8+ 8,8	N O	Couvert, brouill., id.	Eq. L.
26	768,42-769,50	+ 6,3+ 9,6	O N O	Couvert, id., brouill.	Périg.
27	770,36-769,60	+ 4,3+ 8,0	N	Couvert, id., id.	
28	768,12-767,92	+ 1,4+ 7,2	N E	Brouill., beau, id.	
29	767,60-756,68	+ 5,1+ 8,6	N O	Brouillard, id., id.	
30	767,60-767,52	+ 4,6+ 8,7	O N O	Couvert, id., id.	P. L.

Eau tombée, $53^{mm},78$.

Phases lunaires

D. Q. le 8 à 1 h. 25 m. du matin.
N. L. le 16 à 4 h. 37 m. du matin.
P. Q. le 23 à 9 h. 47 m. du matin.
P. L. le 30 à 5 h. 20 m. du matin.

Points lunaires

L. B. le 4 vers 6 h. du soir.
Eq. L. le 12 vers 6 h. du matin.
L. A. le 19 vers 6 h. du matin.
Quasi-conjug. le 19 vers 6 h. du s.
Eq. L. le 25 vers 6 h. du soir.

OBSERVATOIRE (DÉCEMBRE 1811) DE PARIS

J. sol.	BAROMÈTRE	THERMOM. minim.	THERMOM. maxim.	VENTS	ASPECT DU CIEL	Phases et points lunaires
1	767,54-762,80	+ 5,0	+ 8,9	S	Br., brouill., couvert.	
2	758,54-753,40	+ 4,0	+ 9,2	S	Brouill., couv., pluie.	L. B.
3	763,88-757,70	+ 2,5	+ 7,9	S O	Glace, couvert, id.	
4	760,20-744,00	+ 6,4	+ 8,0	S O fort	Couvert, id., pluie.	
5	744,12-754,44	— 1,9	+ 5,9	N N O	Neige, couv., superbe.	
6	758,96-762,60	— 4,0	+ 1,7	O	Cerné, superbe, couv.	
7	760,70-755,52	+ 1,7	+ 5,9	S O fort	Glace, couv., t.-nuag.	D. Q.
8	754,40-748,80	+ 4,4	+ 7,9	S fort	T.-nuag., nuag., couv.	Apog.
9	746,10-742,78	+ 5,7	+ 8,2	S fort	Pluie, bruin., t.-couv.	Eq. L.
10	740,06-744,22	+ 6,5	+ 9,2	S fort	Pluie, couv., éclaircie.	
11	747,00-754,50	+ 7,2	+ 9,4	S E	Pluie, id., couvert.	
12	759,14-760,64	+ 2,2	+10,2	S O	Brouillard, beau, id.	
13	759,94-756,48	+ 6,6	+ 9,7	S O	Br., pl., couvert, pl.	
14	749,48-758,96	+ 0,5	+ 9,7	N O	Pluie, nuag., beau.	
15	762,06-758,38	+ 0,7	+ 6,2	O	Nuag., id., couvert.	N. L.
16	748,84-743,62	+ 3,7	+10,9	O fort	Bruine, pluie, id.	L. A.
17	749,78-750,72	+ 3,2	+ 8,7	O	Couvert, pluie, id.	
18	757,34-759,10	+ 3,2	+ 8,7	O	Nuag., id., bruine.	
19	758,92-757,76	+ 9,0	+12,2	S O	Br., t.-couvert, couv.	
20	758,04-756,00	+ 5,7	+ 9,1	S O	Ass. beau, voilé, couv.	Périg.
21	755,50-757,08	+ 7,7	+10,5	S O	Couvert, id., bruine.	
22	762,16-764,38	— 0,2	+ 4,1	N O	Nuag., couv., vapor.	Eq. L. P. Q.
23	7[illegible]3,60-762,34	+ 3,0	+ 7,5	O S O	Brouill., couv., nuag.	
24	765,50-761,32	+ 5,0	+ 7,6	O	Beau, brouill., bruine.	
25	762,20-764,12	— 0,7	+ 5,7	N E	Brouill., couv., sup.	
26	759,22-747,92	— 3,5	+ 1,7	S E	Beau, couv., neige.	
27	743,62-735,24	— 0,7	+ 1,5	S	Couvert, id., id.	
28	733,80-742,40	— 3,5	+ 1,5	N	Brouill., couv., beau.	
29	747,50-752,50	— 2,0	+ 1,6	O	Brouill., neige, couv.	L. B. P. L.
30	754,66-758,18	— 1,7	— 0,5	O	Couv., brouill., neige.	
31	760,44-761,79	— 6,2	— 1,0	N O	Brouill., nuag., voilé.	

Eau tombée, 36^{mm},39.

Phases lunair

D. Q. le 7 à minuit 22 m.
N. L. le 15 à 7 h. 19 m. du soir.
P. Q. le 22 à 5 h. 39 m. du soir.
P. L. le 29 à 7 h. 20 m. du soir.

Points lunaires

L. B. le 2 vers 6 h. du matin.
Eq. L. le 9 vers midi.
L. A. le 16 vers midi.
Eq. L. le 22 vers minuit.
L. B. le 29 vers midi.

N. B. On pourrait prendre indifféremment, pour année comparative avec l'année 1868, les années quelconque distantes de 19 ans, telles que celles de 1830 et 1849, et autres années antérieures à 1811. Mais il serait besoin pour ce faire d'avoir à sa disposition les registres de l'Observatoire : car avant 1800 les observations météorologiques se publiaient rarement dans les journaux du temps ; et depuis que le département de l'Observatoire fut dévolu d'en haut à François Arago, ce prince de la science faisait trop peu de cas de la météorologie pour qu'il ait tenu compte, dans les tableaux météorologiques qu'il daignait octroyer au public, de l'aspect du ciel, qui aujourd'hui devrait y tenir la plus large place. Or vous savez que les registres de l'Observatoire ne sont confiés qu'aux élus, et le nombre en est bien restreint dans le royaume du ciel ; nous en sommes donc réduit à puiser nos renseignem nts dans les tableaux que Bouvard a publiés jusqu'à sa mort. Ah ! s'il était donné à un philosophe d'avoir à sa disposition ce dont ces braves élus ne se servent pas, avec ses loisirs d'homme de rien il en remuerait le monde. Quand cela viendra-t-il ?.... quand les hommes de travail et d'étude sans titre auront remplacé tous ces corps savants à qui souvent, sauf quelques honorables exceptions, les titres tiennent lieu de talent. Cela n'arrivera en France qu'en 1940 ; ainsi ne vous impatientez pas.

N° X

TABLEAUX

DU LEVER ET DU COUCHER DU SOLEIL ET DE LA LUNE

POUR CHAQUE JOUR DE

L'ANNÉE 1868 (*)

(*) Ces tableaux ne s'appliquent qu'à la latitude de Paris. Pour les autres latitudes, il y aurait une petite correction à faire dans le chiffre des minutes, aux lever et coucher du soleil. Mais ces corrections n'ont pas une grande importance pour les usages de la vie civile, et elles nous prendraient un espace que le petit cadre de cette publication ne nous permet pas de leur consacrer.

JANVIER 1868

Jours du mois.	SOLEIL Lever.	SOLEIL Coucher.	LUNE Lever.	LUNE Coucher.
	h.m.	h.m.	h. m.	h. m.
			mat.	soir.
1	7.56	4.11	11 11	10.52
2	7.56	4.12	11 37	11.57
			soir.	
3	7.56	4.13	0. 3	—
				mat.
4	7.56	4.14	0.31	2. 4
5	7.55	4.15	1. 2	2.14
6	7.55	4.17	1.39	3.20
7	7.55	4.18	2.24	4.35
8	7.55	4.19	3.18	5.48
9	7.54	4.20	4.21	6.53
10	7.54	4.22	5.32	7.50
11	7.53	4.23	6.48	8.39
12	7.53	4.24	8. 5	9.20
13	7.52	4.25	9.21	9.54
14	7.52	4.27	10.34	10.25
15	7.52	4.28	11.44	10.54
16	7.52	4.30	—	11.21
			mat.	
17	7.50	4.31	0.52	11.49
				soir.
18	7.50	4.33	1.58	0.19
19	7.48	4.34	3. 1	0.52
20	7.47	4.36	4. 0	1.28
21	7.46	4.37	4.55	2. 9
22	7.45	4.39	5.47	2.55
23	7.44	4.40	6.34	3.46
24	7.43	4.42	7.15	4.41
25	7.42	4.43	7.50	5.39
26	7.41	4.45	8.21	6.39
27	7.40	4.47	8.49	7.41
28	7.39	4.48	9.16	8.44
29	7.37	4.50	9.42	9.47
30	7.36	4.51	10. 8	10.52
31	7.35	4.53	10.34	11.59

FÉVRIER 1868

Jours du mois.	SOLEIL Lever.	SOLEIL Coucher.	LUNE Lever.	LUNE Coucher.
	h.m.	h.m.	h. m.	h. m.
			mat.	
1	7.33	4.55	11. 3	—
				mat.
2	7.32	4.56	11.26	1. 8
			soir.	
3	7.31	4.58	0.15	2.17
4	7.29	5. 0	1. 2	3.20
5	7.28	5. 1	1.59	4.32
6	7.26	5. 3	3. 5	5.32
7	7.25	5. 5	4.17	6.25
8	7.23	5. 8	5.34	7.11
9	7.22	5. 8	6.52	7.49
10	7.20	5.10	8. 9	8.22
11	7.18	5.11	9.24	8.52
12	7.17	5.13	10.36	9.22
13	7.15	5.15	11.44	9.52
14	7.13	5.16	—	10.22
			mat.	
15	7.12	5.18	0.49	10.54
16	7.10	5.20	1.51	11.29
				soir.
17	7. 8	5.21	2.49	0. 8
18	7. 6	5.23	3.43	0.52
19	7. 5	5.24	4.31	1.41
20	7. 3	5.26	5.13	2.34
21	7. 1	5.28	5.50	3.31
22	6.59	5.29	6.23	4.31
23	6.57	5.31	6.53	5.33
24	6.55	5.33	7.20	6.36
25	6.53	5.34	7.46	7.40
26	6.51	5.36	8.12	8.45
27	6.49	5.37	8.38	9.51
28	6.48	5.39	9. 6	10.58
29	6.46	5.41	9.37	—

MARS 1868

Jours du mois.	SOLEIL Lever.	SOLEIL Coucher.	LUNE Lever.	LUNE Coucher.
	h.m.	h.m.	h. m.	h. m.
			mat.	mat.
1	6.44	5.42	10.13	0. 6
2	6.42	5.44	10.55	1.14
3	6.37	5.45	11.45	2.19
			soir.	
4	6.38	5.47	0.45	3.19
5	6.36	5.49	1.53	4.13
6	6.34	5.50	3. 6	5. 0
7	6.32	5.52	4.22	5.41
8	6.30	5.53	5.39	6.17
9	6.27	5.55	6.56	6.49
10	6.25	5.56	8.11	7.19
11	6.23	5.58	9.23	7.48
12	6.21	5.59	10.32	8.18
13	6.19	6. 1	11.37	8.50
14	6.17	6. 2	—	9.25
			mat.	
15	6.15	6. 4	0.38	10. 4
16	6.13	6. 5	1.34	10.47
17	6.11	6. 7	2.25	11.35
				soir.
18	6. 9	6. 8	3.10	0.27
19	6. 7	6.10	3.50	1.22
20	6. 4	6.12	4.25	2.21
21	6. 2	6.13	4.[illegible]	3.22
22	6. 0	6.15	5.23	4.25
23	5.58	6.16	5.49	5.29
24	5.56	6.18	6.15	6.34
25	5.54	6.19	6.41	7.41
26	5.52	6.21	7. 9	8.50
27	5.50	6.22	7.40	9.59
28	5.48	6.24	8.15	11. 7
29	5.45	6.25	8.55	—
				mat.
30	5.43	6.26	9.42	0.12
31	5.41	6.28	10.37	1.12

AVRIL 1868

Jours du mois.	SOLEIL Lever.	SOLEIL Coucher.	LUNE Lever.	LUNE Coucher.
	h.m.	h.m.	h. m.	h. m.
1	5.39	6.29	mat. 11.40	mat. 2. 7
2	5.37	6.31	soir. 0.49	2.55
3	5.35	6.32	2. 2	3.37
4	5.33	6.34	3.17	4.14
5	5.31	6.35	4.33	4.47
6	5.29	6.37	5.48	5.17
7	5.27	6.38	7. 1	5.46
8	5.25	6.40	8.12	6.16
9	5.23	6.41	9.20	6.47
10	5.21	6.43	10.24	7.20
11	5.19	6.44	11.24	7.57
12	5.17	6.46	—	8.39
13	5.15	6.47	mat. 0.18	9.25
14	5.13	6.49	1. 5	10.15
15	5.11	6.50	1.47	11.10
16	5. 9	6.52	2.24	0. 8
17	5. 7	6.53	2.56	soir. 1. 8
18	5. 5	6.55	3.25	2.11
19	5. 3	6.56	3.52	3.15
20	5. 1	6.58	4.18	4.20
21	4.59	6.59	4.44	5.27
22	4.57	7. 1	5.11	6.36
23	4.55	7. 2	5.40	7.45
24	4.53	7. 3	6.13	8.55
25	4.52	7. 5	6.52	10. 4
26	4.50	7. 6	7.37	11. 8
27	4.48	7. 8	8.30	—
28	4.46	7. 9	9.31	mat. 0. 6
29	4.45	7.11	10.39	0.56
30	4.43	7.12	11.50	1.39

MAI 1868

Jours du mois.	SOLEIL Lever.	SOLEIL Coucher.	LUNE Lever.	LUNE Coucher.
	h.m.	h.m.	h. m.	h. m.
1	4.41	7.1	soir. 1. 3	mat. 2.16
2	4.39	7.15	2.17	2.49
3	4.38	7.17	3.30	3.19
4	4.36	7.18	4.42	3.47
5	4.34	7.19	5.53	4.15
6	4.33	7.21	7. 2	4.44
7	4.31	7.22	8. 9	5.16
8	4.30	7.24	9.11	5.53
9	4.28	7.25	10. 8	6.32
10	4.27	7.26	10.59	7.16
11	4.25	7.28	11.44	8. 5
12	4.24	7.29	—	8.59
13	4.23	7.31	mat. 0.23	9.56
14	4.21	7.32	0.57	10.55
15	4.20	7.33	1.27	11.50
16	4.19	7.34	1.54	soir. 0.58
17	4.17	7.36	2.20	2. 2
18	4.16	7.37	2.45	3. 8
19	4.15	7.38	3.11	4.16
20	4.14	7.40	3.39	5.26
21	4.13	7.41	4.10	6.38
22	4.12	7.42	4.46	7.49
23	4.11	7.43	5.29	8.57
24	4.10	7.45	6.21	10. 0
25	4. 9	7.46	7.21	10.55
26	4. 8	7.47	8.23	11.41
27	4. 7	7.48	9.40	—
28	4. 6	7.49	10.53	mat. 0.19
29	4. 5	7.50	soir. 0. 6	0.52
30	4. 4	7.51	1.18	1.23
31	4. 3	7.52	2.30	1.52

JUIN 1868

Jours du mois.	SOLEIL Lever.	SOLEIL Coucher.	LUNE Lever.	LUNE Coucher.
	h.m.	h.m.	h. m.	h. m.
1	4. 3	7.53	soir. 3.41	mat. 2.20
2	4. 2	7.54	4.50	2.48
3	4. 2	7.55	5.57	3.17
4	4. 1	7.56	7. 0	3.50
5	4. 0	7.56	7.59	4.28
6	4. 0	7.57	8.53	5.10
7	4. 0	7.58	9.41	5.57
8	3.59	7.59	10.23	6.48
9	3.59	7.59	10.58	7.43
10	3.59	8. 0	11.29	8.42
11	3.58	8. 1	11.57	9.43
12	3.58	8. 1	—	10.45
13	3.58	8. 2	mat. 0.23	11.47
14	3.58	8. 2	0.48	soir. 0.51
15	3.58	8. 3	1.12	1.57
16	3.58	8. 3	1.38	3. 5
17	3.58	8. 4	2. 7	4.15
18	3.58	8. 4	2.41	5.26
19	3.58	8. 4	3.21	6. 37
20	3.58	8. 5	4. 8	7.44
21	3.58	8. 5	5. 5	8.45
22	3.58	8. 5	6.11	9.37
23	3.59	8. 5	7.23	10.20
24	3.59	8. 5	8.38	10.56
25	3.59	8. 5	9.54	11.28
26	4. 0	8. 5	11. 9	11.57
27	4. 0	8. 5	soir. 0.22	—
28	4. 1	8. 5	1.32	mat. 0.25
29	4. 1	8. 5	3.40	0.53
30	4. 2	8. 5	3.47	1.21

JUILLET 1868

Jours du mois.	Soleil – Lever.	Soleil – Coucher.	Lune – Lever.	Lune – Coucher.
	h.m.	h.m.	h. m.	h. m.
			soir.	mat.
1	4. 2	8. 5	4.51	1.52
2	4. 3	8. 4	5.51	2.2.
3	4. 4	8. 4	6.47	3. 7
4	4. 4	8. 3	7.37	3.53
5	4. 5	8. 3	8.21	4.41
6	4. 6	8. 2	8.59	5.35
7	4. 7	8. 2	9.32	6.35
8	4. 8	8. 1	10. 1	7.35
9	4. 8	8. 1	10.27	8.34
10	4. 9	8. 0	10.52	9.35
11	4.10	7.59	11.16	10.36
12	4.11	7.59	11.41	11.42
				soir.
13	4.12	7.58	——	0.48
			mat.	
14	4.13	7.57	0. 8	1.55
15	4.14	7.56	0.38	3. 4
16	4.15	7.55	1.13	4.14
17	4.16	7.55	1.56	5.22
18	4.18	7.54	2.48	6.20
19	4.19	7.53	3.49	7.25
20	4.20	7.52	4.58	8.12
21	4.21	7.50	6.14	8.53
22	4.22	7.49	7.33	9.23
23	4.24	7.48	8.51	9.51
24	4.25	7.47	10. 7	10.28
25	4.26	7.46	11.20	10.56
			soir.	
26	4.27	7.45	0.31	11.25
27	4.28	7.43	1.39	11.51
28	4.30	7.42	2.44	——
				mat.
29	4.31	7.41	3.46	0.30
30	4.32	7.39	4.43	1. 8
31	4.33	7.38	5.34	1.51

AOUT 1868

Jours du mois.	Soleil – Lever.	Soleil – Coucher.	Lune – Lever.	Lune – Coucher.
	h.m.	h.m.	h. m.	h. m.
			soir.	mat.
1	4.35	7.36	6.20	2.39
2	4.36	7.35	7. 0	3.31
3	4.37	7.33	7.35	4.27
4	4.39	7.32	8. 5	5.25
5	4.40	7.30	8.32	6.26
6	4.42	7.29	8 57	7.28
7	4.43	7.27	9.21	8.30
8	4.44	7.25	9.45	9.32
9	4.46	7.24	10.10	10.35
10	4.47	7.22	10.38	11.40
				soir.
11	4.48	7.20	11.10	0.47
12	4.50	7.19	11.48	1.55
13	4.51	7.17	——	3. 2
			mat.	
14	4.53	7.15	0.34	4. 6
15	4.54	7.13	1.29	5. 5
16	4.55	7.12	2.34	5.58
17	4.57	7.10	3.46	6.44
18	4.58	7. 8	5. 4	7.23
19	5. 0	7. 6	6.24	7.57
20	5. 1	7. 4	7.43	8.27
21	5. 3	7. 2	9. 0	8.56
22	5. 4	7. 0	10.15	9.26
23	5. 6	6.58	11.26	9.57
			soir.	
24	5. 7	6.56	0.34	10.30
25	5. 8	6.54	1.38	11. 7
26	5.10	6.52	2.37	11.49
27	5.11	6.50	3.31	——
				mat.
28	5.12	6.48	4.19	0.35
29	5.14	6.46	5. 0	1.26
30	5.15	6.44	5.26	2.21
31	5.17	6.42	6. 8	3.19

SEPTEMBRE 1868

Jours du mois.	Soleil – Lever.	Soleil – Coucher.	Lune – Lever.	Lune – Coucher.
	h.m.	h.m.	h. m.	h. m.
			soir.	mat.
1	5.18	6.40	6.36	4.19
2	5.20	6.38	7. 1	5.20
3	5.21	6.36	7.25	6.22
4	5.22	6.34	7.49	7.25
5	5.24	6.32	8.14	8.29
6	5.25	6.30	8.41	9.34
7	5.27	6.28	9.11	10.39
8	5.28	6.26	9.46	11.45
				soir.
9	5.29	6.24	10.28	0.50
10	5.31	6.22	11.17	1.54
11	5.32	6.20	——	2.54
			mat.	
12	5.34	6.17	0.15	3.48
13	5.35	6.15	1.22	4.36
14	5.37	6.13	2.36	5.17
15	5.38	6.11	3.54	5.52
16	5.39	6. 9	5.13	6.24
17	5.41	6. 7	6.32	6.54
18	5.42	6. 5	7.50	7.23
19	5.44	6. 3	9. 5	7.54
20	5.45	6. 0	10.17	8.27
21	5.47	5.58	11.25	9. 3
			soir.	
22	5.48	5.56	0.28	9.44
23	5.49	5.54	1.24	10.29
24	5.51	5.52	2.14	11.19
25	5.52	5.50	2.58	——
				mat.
26	5.54	5.48	3.36	0.13
27	5.55	5.46	4. 9	1.10
28	5.57	5.43	4.38	2.10
29	5.58	5.41	5. 4	3.11
30	6. 0	5.39	5.29	4.13

OCTOBRE 1868

Jours du mois.	SOLEIL Lever.	SOLEIL Coucher.	LUNE Lever.	LUNE Coucher.
	h.m.	h.m.	h. m.	h. m.
			soir.	mat.
1	6. 1	5.37	5.54	5.10
2	6. 3	5.35	6.19	6.20
3	6. 4	5.33	6.45	7.25
4	6. 6	5.31	7.14	8.31
5	6. 7	5.29	7.47	9.38
6	6. 8	5.27	8.25	10.45
7	6.10	5.25	9.10	11.50
				soir.
8	6.12	5.23	10. 5	0.50
9	6.13	5.21	11. 8	1.44
10	6.15	5.19	—	2.31
			mat.	
11	6.16	5.16	0.18	3.12
12	6.18	5.14	1.32	3.48
13	6.19	5.12	2.48	4.21
14	6.21	5.10	4. 5	4.51
15	6.22	5. 9	5.22	5.20
16	6.24	5. 7	6.39	5.50
17	6.25	5. 5	7.54	6.21
18	6.27	5. 3	9. 6	6.50
19	6.28	5. 1	10.13	7.36
20	6.30	4.59	11.14	8.20
			soir.	
21	6.32	4.57	0. 8	9. 0
22	6.33	4.55	0.55	10. 2
23	6.35	4.53	1.36	10.58
24	6.36	4.51	2.11	11.59
25	6.38	4.50	2.41	—
				mat.
26	6.39	4.48	3. 8	0.59
27	6.41	4.46	3.33	2. 1
28	6.43	4.44	3.57	3. 4
29	6.44	4.43	4.22	4. 8
30	6.46	4.41	4.48	5.13
31	6.47	4.39	5.16	6.20

NOVEMBRE 1868

Jours du mois.	SOLEIL Lever.	SOLEIL Coucher.	LUNE Lever.	LUNE Coucher.
	h.m.	h.m.	h. m.	h. m.
			soir.	mat.
1	6.49	4.38	5.47	7.28
2	6.51	4.36	6.23	8.30
3	6.52	4.34	7. 7	9.42
4	6.54	4.33	8. 0	10.44
5	6.55	4.31	9. 0	11.41
				soir.
6	6.57	4.30	10. 6	0.3[illegible]
7	6.59	4.28	11.17	1.1[illegible]
8	7. 0	4.27	—	1.51
			mat.	
9	7. 2	4.25	0.32	2.29
10	7. 4	4.24	1.48	2.52
11	7. 5	4.23	3. 3	3.20
12	7. 7	4.21	4.18	3.48
13	7. 8	4.20	5.32	4.18
14	7.10	4.19	6.45	4.51
15	7.11	4.18	7.54	5.28
16	7.13	4.17	8 59	6.10
17	7.15	4.15	9.58	6.57
18	7.16	4.14	10.50	7.49
19	7.18	4.13	11.34	8.45
			soir.	
20	7.19	4.12	0.11	9.44
21	7.21	4.11	0.43	10.45
22	7.22	4.10	1.11	11.46
23	7.24	4. 9	1.36	—
				mat.
24	7.25	4. 9	2. 0	0.48
25	7.26	4. 8	2.24	1.51
26	7.28	4. 7	2.49	2.55
27	7.29	4. 6	3.16	4. 2
28	7.31	4. 6	3.46	5.11
29	7.32	4. 5	4.20	6.21
30	7.33	4. 4	5. 1	7.30

DÉCEMBRE 1868

Jours du mois.	SOLEIL Lever	SOLEIL Coucher	LUNE Lever.	LUNE Coucher.
	h.m.	h.m.	h. m.	h. m.
			soir.	mat.
1	7.35	4. 4	5.50	8.36
2	7.36	4. 3	6.49	9.37
3	7.37	4. 3	7.55	10.31
4	7.38	4. 3	9. 6	11.16
5	7.40	4. 2	10.21	11.54
				soir.
6	7.41	4. 2	11.37	0.27
7	7.42	4. 2	—	0.57
			mat.	
8	7.43	4. 1	0.51	1.25
9	7.44	4. 1	2. 3	1.52
10	7.45	4. 1	3.16	2.20
11	7.46	4. 1	4.29	2.51
12	7.47	4. 1	5.39	3.25
13	7.48	4. 1	6.45	4. 3
14	7.49	4. 1	7.46	4.47
15	7.49	4. 2	8.41	5.38
16	7.50	4. 2	9.29	6.33
17	7.51	4. 2	10.10	7.31
18	7.52	4. 2	10.44	8.31
19	7 52	4. 3	11.13	9.32
20	7.53	4. 3	11.39	10.34
			soir.	
21	7.53	4. 4	0. 3	11.37
22	7.54	4. 4	0.27	—
				mat.
23	7.54	4. 5	0.50	0.39
24	7.55	4. 5	1.15	1.42
25	7.55	4. 6	1.43	2.48
26	7.55	4. 7	2.15	3.57
27	7.56	4. 8	2.52	5. 7
28	7.56	4. 8	3.37	6.16
29	7.56	4. 9	4.33	7.21
30	7.56	4.10	5.38	8.19
31	7.56	4.11	6.50	9.10

N° XI

HISTOIRE NATURELLE

DES MOUVEMENTS DE LA LUNE

D'APRÈS LE SYSTÈME ATOMIQUE DE L'UNIVERS (*)

I

1° La lune fait partie du *système planatmosphérique* de la terre, au même titre que toute autre molécule atomique de notre unité astronomique.

2° Elle tourne, non autour de son propre axe, ainsi que le disent improprement les livres classiques, mais, de même que tout autre point de l'atmosphère éthérée, autour de l'axe de la terre.

3° C'est pourquoi elle ne nous montre jamais qu'un seul de ses deux hémisphères, comme le ferait un nuage de glace d'un diamètre apparent égal au sien.

4° Or la lune est, comme tout nuage de glace, un corps solidifié par la cristallisation de la substance qui la constitue.

5° Pourquoi ne tend-elle donc pas à se rapprocher de la terre, ainsi que le font tous les corps pesants de notre système? Par la même raison qui fait que les nuages de glace s'en rapprochent d'autant plus lentement qu'ils se sont formés dans une région plus élevée.

(*) Les bases de ce système ont été exposées, dès 1838, dans notre 2e édition du NOUVEAU SYSTÈME DE CHIMIE ORGANIQUE, 3e volume, 4e partie. — Voyez de plus les articles météorologiques de la *Revue complémentaire des sciences appliquées*, 1854-1860.

6° Nous croyons avoir établi, en effet, que les corps solides sont maintenus dans l'éthératmosphère de la terre, par la légèreté relative des atomes de la région dans laquelle ils se sont cristallisés. Comme un ballon se maintient d'autant plus haut que le gaz qui le dilate est plus raréfié, c'est-à-dire que les atomes de ce gaz sont enveloppés d'une couche plus épaisse d'éther-calorique ; de même, un corps solide est maintenu dans l'espace par les atomes de la couche éthérée dans laquelle il s'est cristallisé; ces atomes sont le gaz auquel chacune de ses molécules sert de ballon.

7° Or il est évident qu'à la distance où la lune est par rapport à la terre, la légèreté des atomes éthérés dont son disque s'est imprégné en se solidifiant, doit être telle qu'elle se déroberait à la constatation de nos plus subtils aréomètres et ne pourrait être évaluée comparativement que par le calcul infinitésimal. Voilà pourquoi la lune peut, il est vrai, se rapprocher de la terre, par la puissance et la pression des couches d'éther supérieures et partant plus légères que la couche d'éther qu'elle occupe, et cela d'après le principe déjà établi que ce sont les corps légers qui repoussent au centre commun les corps plus pesants; mais, à la distance où elle se trouve placée par rapport à nous, ce rapprochement graduel est si lent qu'il a l'air de la stabilité. Cependant ce rapprochement a lieu, car il est dans la nature de notre constitution astronomique ; et la lune se rapproche de la terre, comme notre terre, ainsi que toute autre planète, se rapproche de son centre de mouvement qui est le soleil.

8° La lune tourne donc, comme la terre et avec la terre, d'occident en orient, de même qu'un point de la circonférence d'un grand cercle d'une sphère quelconque tourne dans le même sens que son noyau. Dans une sphère solide et à chaque révolution de ce globe, chaque point se retrouve avec le rayon qu'il termine, à l'endroit où la révolution avait commencé. Il n'en est plus de même, si la sphère se compose de couches de moins en moins solides à partir du centre, et qui finissent par devenir de plus en plus gazeuses à mesure qu'elles se rapprochent de la circonférence.

Il arrivera en effet, dans cette hypothèse, qu'à chaque révolution nouvelle, les divers points de la circonférence gazeuse, changeront de rayons et qu'ils auront devancé, d'une quantité proportionnelle, les points ou atomes du noyau solide, dont auparavant elles continuaient ou terminaient un quelconque des rayons.

9° A chaque révolution diurne de la terre, il se trouve de cette manière que la lune a avancé d'une quantité à peu près constante dans le sens du mouvement du globe, c'est-à-dire de l'occident à l'orient, mais par un mouvement plus accéléré, ce qui, dans le système de Ptolémée, ou système des apparences, devait porter à croire qu'elle tournait dans un sens indépendant de celui de la terre.

10° S'il en était autrement et que la lune obéît strictement au mouvement de la terre, et comme le font tous les points du noyau solide de notre système terrestre, il s'ensuivrait qu'elle ne serait visible, et toujours par la même surface, que pour un quelconque des deux antipodes, tandis qu'en devançant chaque jour le mouvement de la terre d'une quantité déterminée par l'observation, elle finit par être visible successivement aux deux hémisphères.

11°. La durée de cette rotation particulière aux satellites d'une planète quelconque est d'autant plus longue que le satellite se trouve à une distance plus grande du centre de la planète, c'est-à-dire sur une circonférence atmosphérique d'un plus long rayon. C'est ce qu'on observe distinctement sur les quatre satellites de Jupiter; le satellite inférieur qui est à 6 de distance de sa planète, met un jour 0,76, à faire sa révolution ; le suivant ou deuxième, qui est à 9 environ de distance, en met trois; le troisième, qui est à 15 de distance, en met sept; et le quatrième, qui est à 16 de distance, en met 16 environ.

12° Obéissant tous les quatre à la même impulsion, ils ont d'abord une route d'autant plus longue à parcourir qu'ils se trouvent placés à une plus grande distance du centre. Ajoutons qu'ils doivent marcher d'autant plus vite qu'ils sont placés à une moindre distance du noyau qui est la planète. On peut concevoir que cela doit être ainsi, par un premier aperçu préparatoire, qui est que les couches planatmosphériques d'une planète étant d'autant plus denses qu'elles sont plus voisines de leur noyau solide qui est la planète, leur mouvement propre doit se rapprocher d'autant plus du mouvement commun de tous les points de la planète qu'elles sont plus voisines de sa surface solide ; la solidité n'étant qu'une progression indéfinie du gazeux au liquide et du liquide au solide,

13° Mais voici, de ce phénomène la raison atomique et partant astronomique : nous croyons avoir établi depuis assez longtemps que le mouvement circulaire de l'atome d'une unité simple ou composée, est la résultante d'un échange d'éther-calorique entre un corps plus riche et un corps moins riche en calorique, entre deux corps enfin dont l'un est enveloppé d'une couche atmosphérique plus volumineuse que l'autre, le plus riche devenant le centre autour duquel se meut le moins riche, mouvement qui n'arrive au repos que lorsque, par suite de l'échange, il y a égalité entre les deux atmosphères éthérées ; l'égalité, c'est le repos.

Or, par quelle zone atmosphérique s'opère cet échange, si ce n'est par la plus externe, c'est-à-dire par la supérieure? C'est donc celle dont, à toute époque de l'évolution, les atomes sont enveloppés d'une athmosphère d'éther-calorique plus volumineuse et partant qui oppose plus de résistance aux corps solidifiés ; car, au contraire de l'ancien système de l'attraction, ce sont les corps légers qui repoussent les corps plus pesants, les gazeux repoussant les liquides, et les liquides repoussant les solides vers le centre commun. Donc le satellite plus élevé éprouvera plus de résistance à son impulsion initiale que le satellite moins élevé dans l'espace.

On sait que notre unique satellite visible (la lune) accomplit sa *révolution périodique* ou son retour au point du ciel où on l'avait observé auparavant, en 27 jours 7 heures 45 minutes environ.

II

Différences d'amplitude entre les déclinaisons de la lune et du soleil, ou différences d'inclinaison de leur écliptique respectif sur l'équateur.

14°. Les révolutions planétaires et satellitaires se font en spirales d'aller et de retour dans la zone médiane de la circonférence de l'astre central autour de laquelle les planètes et les satellites se meuvent. L'amplitude de cette zone est en raison du volume de la sphère centrale ; celle que parcourt la terre en une année autour du soleil est plus étendue que celle que parcourt la lune en un mois autour de la terre. Les *solstices* atteignent en effet 23° et plus de déclinaison, c'est-à-dire de distance de l'équateur au sud et au nord, ce qui fait environ 46° d'amplitude de la zone ; tandis que les *lunestices* dépassent peu 19° au nord et 18° au sud, amplitude de 37° pour la zone totale.

15° L'amplitude de cette zone que parcourt un astre par les spirales de sa révolution, croît proportionnellement, et à chaque instant des âges, par l'augmentation progressive du volume de calorique du corps qui se meut autour et aux dépens de l'autre ; de là viennent la *précession des équinoxes*, le *mouvement des nœuds* et la *nutation* ou balancement de l'axe de la terre, pour me servir des termes techniques.

II

Inégalités du mouvement de la lune.

16° La dilatation des couches concentriques de l'éther atmosphérique, en suite de l'échange continuel de l'éther calorique, se fait de haut en bas par distribution proportionnelle et en raison du volume atomique. Or, il résulte de cette incessante distribution que le mouvement de la lune doit éprouver des obstacles divers, selon qu'elle se trouve à une plus ou moins grande distance de la source d'émission, c'est-à-dire des points successifs par où se continue l'échange. De là une partie des *inégalités* qu'on observe dans la marche régulière de la lune.

17° Une autre source *d'inégalités dans le mouvement de la lune,* vient de la rencontre qui a lieu successivement entre la *terratmosphère* et les nombreuses *planatmosphères* (atmosphères des planètes), dont le nombre s'accroîtra dans nos catalogues en raison de la puissance optique de nos instruments d'observation. Il est évident en effet, qu'à chaque rencontre de ces systèmes, il y aura pression atmosphérique et en outre échange d'éther-calorique.

IV

Libration de la lune.

18° La lune étant suspendue, comme le serait un nuage de glace, sur une des plus hautes couches concentriques de la terratmosphère, il doit paraître évident qu'elle doit éprouver un balancement sur un de ses diamètres, comme en éprouvent tous les corps flottants sur une surface liquide; effet de flottaison que Galilée désigna sous le nom de *libration* (ou mouvement oscillatoire analogue à celui de la balance *libra*). On remarque alors que telle de ses taches semble se rapprocher du bord du disque, tandis que telle autre du même cercle de latitude semble s'éloigner du bord opposé.

V

Constitution de la lune.

19° Notre satellite est un corps sphéroïde solidifié dans l'espace; étudions-en l'aspect et la structure.

VI

Taches de la lune.

20° Il n'est besoin que d'un simple porte-vue pour distinguer, sur la surface de notre satellite, des taches constantes, mais différant de contours et d'étendue. Ces taches ne sont pas des mers dont elles présentent assez bien l'aspect; car, ainsi qu'on l'a dit depuis longtemps, si la lune avait des mers, elle aurait des nuages, et nul jusqu'ici n'a pu en observer la trace autour de son disque. On remarque, il est vrai, par un beau clair de lune, une certaine ondulation lumineuse qui se déroule autour de ses bords éclairés; mais c'est là un simple effet des mouvements de notre atmosphère et de la différence de densité des diverses couches qui nous passent devant les yeux pendant la durée de l'observation.

Mais les principes de notre système atomique nous offrent une raison péremptoire de l'absence complète de mers, de fleuves et d'une quantité d'eau quelconque à la surface ou dans les pores de la substance de la lune.

En effet la lune fait partie de notre système terratmosphérique. Or, dans ce système, les gaz les plus pesants se groupent autour du noyau solide qui constitue notre globe; plus on s'élève dans l'atmosphère éthérée et plus les couches gazeuzes se raréfient, car plus les atomes s'enveloppent de couches d'éther-calorique qui les tiennent à une plus grande distance les uns des autres.

Donc l'oxygène qui est le gaz le plus pesant ne saurait se maintenir à la hauteur qu'occupe le globe lunaire. Or, sans oxygène, point d'eau.

21° Les taches que l'on observe à la surface de la lune ne sont pas d'une profondeur considérable; car autrement nous observerions sur leur surface la marche des ombres en raison de la rotation. Il ne faut pas du reste de bien profonds accidents de surface pour reproduire des taches analogues à celles de la lune, sur les vitres d'un prix inférieur qui recouvrent nos estampes ou sur une surface de porcelaine blanche. Le miroitement, selon les points de vue, fait changer ces taches de forme et d'étendue, mais non d'aspect.

VII

La lune possède-t-elle un règne organisé ?

22° Nullement, ou bien il n'est pas organisé sur le type et avec les matériaux du nôtre. Car notre règne organisé a pour base une cristallisation vésiculaire d'oxygène, d'hydrogène, de carbone et de bases terreuses; or l'oxygène n'arrive pas jusqu'à la région lunaire; il s'arrête aux premières couches atmosphériques qui entourent le globe terrestre; la lune est donc un corps cristallisé.

VIII

La lune a-t-elle des volcans ?

23° Certains astronomes assurent avoir distingué, sur la surface lunaire, une lueur incandescente, un point lumineux indiquant une éruption volcanique. Sans avoir recours à l'effet d'une illusion provenant de certains miroitements d'une lumière lointaine sur la surface de l'objectif du télescope, et en admettant le phénomène comme inhérent à la surface lunaire elle-même, il est impossible que ce phénomène se rattache à l'existence d'un volcan. Car point de volcan sans eaux souterraines et point de combustion sans oxygène. Mais ce fait est susceptible d'une explication plus conforme aux principes, en le rangeant dans la classe des effets de la réflexion des rayons lumineux : Qui n'a été témoin le matin ou le soir, d'une incandescence apparente sur les vitres de tout un édifice ? simple effet d'une incidence horizontale des rayons solaires réfléchis par le vitrage, de manière que le rayon réfléchi arrive jusqu'à nos yeux. A midi on n'observe rien de tel, parce que le rayon réfléchi tombe alors à terre, au lieu de parvenir à nos yeux. Qu'on change de position et toute cette incandescence disparaît subitement. Les rapports d'incidence et de réflexion des rayons solaires ne pourraient-ils pas reproduire le même phénomène à nos yeux, lorsque le rayon solaire tombe, directement ou réfléchi par un corps aérien quelconque, sur telle ou telle facette de la cristallisation lunaire ; voyez comment les nuages changent de colorations selon les angles d'incidence des rayons solaires.

IX

Les aérolithes viennent-ils de la lune?

24° Non, puisque la lune n'a point de force de projection et qu'elle n'a point de volcan. Non, puisque toutes les parties de la lune sont imprégnées de la même couche d'éther qui la tient suspendue elle-même tout entière à la distance de la terre d'environ 96 mille lieues de 4 kilomètres, et l'empêche de descendre jusqu'à nous, comme le fait tout corps imprégné d'un des gaz qui s'accumulent autour du noyau terrestre.

X

Que sont donc les aérolithes, bolides (*), les étoiles filantes?

25° Ce sont des corps lunaires, c'est-à-dire satellitaires, inaccessibles à la puissance actuelle des instruments télescopiques; des corps qui se mouvaient dans l'espace d'après les mêmes lois que notre satellite, mais que le dard de quelque corps réfringent est venu fondre, que la fusion a dépouillés du gaz sustentateur, et qui, dans leur chute, prennent feu en arrivant dans la région de l'oxygène. Car il est absurde de croire qu'il n'existe dans l'espace que ce que nos faibles yeux peuvent y voir, puisque nous y découvrons d'autant plus de nouvelles choses que notre patience est plus soutenue et nos moyens d'observation plus perfectionnés. Or, supposez une de ces petites

(*) Aérolithes, de *aer* air, et *lithos* pierre (pierre de l'atmosphère); bolide (corps lancé comme une balle de plomb).

lunes qui circulent régulièrement comme la grande, autour de l'axe terratmosphérique, et qui vienne à rencontrer le dard d'une comète; elle fondra comme un globule microscopique au dard de nos chalumeaux; et dépouillée alors du gaz qui constituait sa légèreté spécifique, elle se rapprochera, par une rapide parabole, de la terre, et pourra s'enflammer à une plus ou moins grande distance dans les airs, avant de tomber à la surface du globe. Pour que ces satellites à faibles masses éclatent dans les airs, il suffira qu'en arrivant dans les zones atmosphériques imprégnées d'oxygène, leur noyau ait conservé une certaine quantité de l'hydrogène qui, en la ballonnant, si je puis m'exprimer ainsi, l'avait jusque-là retenue dans son orbite spéciale.

26° Ne confondez pas les *étoiles filantes* avec les *bolides*; tel nuage de glace qui porte l'orage dans ses flancs et scintille les éclairs sur son passage, nous apparaîtrait une étoile filante, s'il était à vingt lieues de distance au-dessus de nos têtes. Or, qui nous dit que les vapeurs d'eau n'aillent pas se condenser encore plus haut et dans une région de plus en plus hydrogénée, c'est-à-dire dont les atomes sont enveloppés d'une atmosphère de calorique d'un volume de plus en plus grand?

N° XII

CORPS SAVANTS,

OBSTACLES AU PROGRÈS.

On dirait que l'Etat les paye pour cela ; car rien ne les corrige : ni les déboires, ni le temps. A une niaiserie qui vient d'eux et de leurs amis, il faut trois jours pour faire fortune, à l'aide des cent bouches de la publicité. A une belle vérité qui vient d'un de leurs adversaires, il faut vingt ans pour qu'elle prenne place dans le programme de l'enseignement universitaire, et encore elle n'y arrive que par la filière du plagiat, sous le couvert d'un nom confit en dévotion.

Voulez-vous des exemples? J'en ai plus d'un cent à votre disposition, je m'arrête à celui-ci, qui rentre dans le cadre de ce petit livre.

Théorie des marées.

Aux yeux de tout homme intelligent, mais qui n'est rien, pas même académicien, il doit être démontré aujourd'hui que les marées n'obéissent qu'au mouvement de compression que la lune et le soleil exercent sur la surface de la mer en parcourant leur orbite ; que c'est l'effet d'un refoulement des vagues, qui part de la région intertropicale, et se dirige, par la longitude, vers le nord.

Cette idée explique tous les phénomènes qui concernent les marées ; nous l'avons démontré ailleurs, d'une manière qui paraît évidente aux yeux de tout homme indépendant et qui ne relève que de son intelligence.

Or, le Bureau des longitudes n'en persiste pas moins à donner le phénomène des marées comme émanant de l'attraction de la lune et du soleil; système de l'attraction qui, dans ce siècle positif et ennemi du surnaturel et de la croyance à l'absurde, devrait avoir fait son temps et céder la place à un autre plus conforme aux lois de la nature.

Il nous suffira ici de trois observations bien simples pour convaincre nos lecteurs de l'absurdité du système attractif de l'Observatoire :

1° Si la lune attirait la mer par son passage au méridien, elle devrait attirer toutes les flaques d'eau qui ont une étendue assez grande pour être qualifiées de mer; or, il est de ces amas d'eau qui sont complétement exempts de marées (la *mer Noire*, la *mer Caspienne*, la *mer Méditerranée*, la *Baltique*, etc.). Il faut, pour que la marée ait lieu sur ces sortes de mer, que par les deux bouts opposés elles soient en communication directe avec l'Océan (telle est la *Manche*).

2° D'un autre côté, si la lune attirait la mer, elle attirerait à plus forte raison les vapeurs de la mer; et dès lors, depuis le temps qu'elle est supposée attirer la mer, elle se serait acquis des mers et une atmosphère aérienne aux dépens de la terre.

3° Enfin l'expérience de chaque jour nous apprend que la marée arrive d'autant plus tard à un port de mer que ce port est situé sur une latitude plus voisine du pôle, et cela en suivant la longitude; que, dans les détroits se dirigeant dans le sens de la latitude, la marée part du couchant et marche vers le levant. Or, si la marée obéissait à la puissance d'attraction des deux astres, c'est la direction contraire que la haute mer et l'*établissement du port* devraient suivre. Par exemple : la haute marée arrive à Brest vers trois heures du matin, à Saint-Malo vers 6 h., à Cherbourg vers 7 h., au Havre vers 10 h., à Dieppe vers 11 h., à Dunkerque vers midi ; or, si la marée était déterminée par l'attraction de la lune et du soleil, l'*établissement* du port devrait commencer par Dunkerque, qui est au levant, et n'arriver ensuite qu'à Brest, qui est au couchant, et au méridien duquel les deux astres n'arrivent qu'après avoir passé par les méridiens de Dunkerque, de Dieppe, du Havre, de Cherbourg et de Saint-Malo. Cette raison est péremptoire, ce qui n'empêchera pas le contraire d'être professé l'année prochaine, aussi officiellement qu'aujourd'hui.

N° XIII

Étoiles changeantes.

On a vu des étoiles apparaître et d'autres disparaître. On en connaît qui disparaissent pendant quelque temps. Certaines changent périodiquement d'éclat, la lumière qu'elles projettent grandissant et ternissant tour à tour.

Dans l'ancien système qui considérait les étoiles et notre soleil même comme des astres immobiles et fixes dans le ciel, cet ordre de faits était inexplicable.

Dans le nouveau, ces phénomènes se prêtent à la plus rationnelle explication : L'immobilité absolue n'est le propre d'aucun corps de notre univers; les étoiles et le soleil ne paraissent fixes qu'à cause de la courte durée de nos observations, nos siècles n'étant que des fractions infinitésimales d'une seconde à l'horloge de l'immensité.

Tout se meut dans la nature autour d'un centre et par l'échange constant de l'éther atmosphérique de ce centre, qui se meut lui-même autour d'un autre centre et ainsi de suite à l'infini. De même que nos planètes circulent régulièrement autour de notre soleil, de même notre soleil se meut tout aussi régulièrement autour d'un autre soleil, qui nous semble fixe, quoiqu'il se meuve autour d'un autre soleil et ainsi de suite; et ces soleils sont les étoiles dont le mouvement échappe à nos faibles moyens de mesurer le temps-immensité. O cause première dont la prescience est gravée dans notre âme, que nous sommes petits en ta présence et ridicules quand nous prétendons être quelque chose de grand! Pygmées à long sabre, en comparaison de cet immense et simple mécanisme, pensez-vous avoir la taille du ciron qui se perd sous votre peau? Le sage, par son intelligence qui seule peut évaluer ces mondes, vous voit si petits, mais si petits, qu'il ne trouve pas la parallaxe pour fixer la place d'un dédain; la goutte de rosée dans laquelle vous agitez votre gloire, n'est pas un point au télescope du sens commun, et l'immense incendie de votre histoire de six mille ans ne paraîtrait pas une étincelle aux yeux des habitants planétaires dont Sirius est le centre et le soleil. Revenons à ces points brillants qui sont tout autant d'immenses mondes.

Si chacune de ces étoiles est un soleil, elle doit

entraîner des planètes dans son orbite et par conséquent avoir ses éclipses comme notre soleil, éclipses totales ou partielles, dont la durée ne saurait être de quelques heures à nos chronomètres. Il arrivera donc pour celles dont le mouvement s'accomplit en moins d'années qu'elles sembleront disparaître et reparaître dans les cieux, pendant la vie d'un observateur ou dans un espace plus bref de temps, et que la lumière de certaines autres variera d'éclat en des périodes d'une moindre durée.

Si chacun de ces soleils tourne par son orbite autour d'un soleil plus grand, il arrivera à certaines étoiles, les moins éloignées de nous, qu'elles viendront se ranger pour des milliers d'années dans nos catalogues et qu'elles pourront en disparaître ensuite pour un temps tout aussi long.

N° XIV

Les (étoiles) nébuleuses.

Ce sont des mondes d'étoiles, c'est-à-dire de soleils dont l'ensemble est accessible à notre angle visuel, immensité se concentrant par la distance dans un infiniment petit espace.

N. B. Ce que vous venez de lire, mon cher lecteur, n'est pas tout à fait encore rentré dans les programmes universitaires et encore moins dans les programmes jésuitaires leurs cousins. Si vous devez passer des examens devant ces deux juridictions jumelles, faites semblant de n'avoir jamais rien su de tel; dites comme eux un instant afin d'acquérir le droit de parler plus tard d'après vous-même.

N° XV

A qui revient la première idée de la DECADE, renouvelée des Grecs, dans *l'Annuaire républicain?*

Tout simplement à Pierre-Sylvain Maréchal, le premier auteur d'un ouvrage devenu célèbre, *Dictionnaire des Athées*, et d'une foule d'opuscules d'une certaine originalité de conception. En 1787, Sylvain Maréchal publia un tout petit Almanach intitulé : *Almanach des honnêtes gens*. Il y commençait l'année au mois de mars, mois de *l'équinoxe du printemps*; il la divisait en douze mois de trente jours chaque; les cinq ou six jours restant, il les appelait *épagomènes*, mot également emprunté aux *éphémérides* des Grecs; seulement il les disséminait, ces jours, en ajoutant un trente-unième jour à certains mois. Chacun de ces jours complémentaires était consacré à une fête : le 31 mars à l'*amour*, le 31 mai à l'*hyménée*, le 31 août à la *reconnaissance*, le 31 décembre à l'*amitié* et le 31 janvier aux *grands hommes*.

Chaque jour du mois était marqué du nom d'un homme célèbre par son génie et ses vertus, qu'il s'appelât Jésus, Moïse ou Mahomet.

Ce travail ne formait qu'un tout petit volume in-18 de 16 pages; il eut les honneurs de la persécution destinée à de plus importants : Sur les conclusions conformes de l'avocat du roi, Antoine-

Louis Séguier et par un arrêt motivé, vingt fois plus volumineux que le livre, le Parlement condamna ce vingtième d'elzevir à être lacéré et brûlé par la main du bourreau, sur les marches du grand escalier; et l'arrêt fut exécuté selon toutes les formes, le 7 janvier 1788.

Contrà folium quod vento rapitur, ostendis potentiam tuam, disait Job : « Eh quoi, vous faites preuve de votre puissance contre une feuille qu'emporterait le moindre souffle du vent! »

Ces pauvres gens à toques, mortiers, simarres, soutanes et souquenilles, ne voyaient pas encore, même un an avant la prise de la Bastille, que, par de tels *auto-da-fé* de quatre centimètres carrés, ils faisaient la main au bourreau pour d'autres genres d'exécutions dont eux et des gens plus inoffensifs qu'eux devaient être les premières victimes; la main occulte qui les poussait à ces pieuses niaiseries, les avait tous marqués d'avance au front. Ne jouez jamais avec la hache; elle a deux tranchants qui ne s'ébrèchent que contre la pensée.

Cet arrêt fit la fortune du petit livre; seulement les libraires l'écoulaient sous le couvert du *Petit Almanach de nos grands hommes*, à la fin duquel on le trouve encore broché : la fine satire de Rivarol ne sentait en rien le fagot.

Quoi qu'il en soit, on n'a qu'à recourir à notre TRIPLE CALENDRIER du commencement de ce livre, pour reconnaître que le savant et infortuné Romme, à qui la grande Convention confia plus tard le soin de réformer le calendrier, s'inspira du plan de Sylvain Maréchal. Seulement il commença l'année en septembre et à l'équinoxe d'automne, et il rassembla les jours *épagomènes* ou complémentaires à la fin de l'année.

Il remplaça la liste des grands hommes dont on n'aurait pu admettre les titres sans une discussion spéciale à chacun, par celle des productions de la terre, œuvres indiscutables de la nature qui est Dieu.

Le 30 pluviose an II (18 février 1794), Romme présenta à la Convention l'*Annuaire du cultivateur* pour l'an III, dans lequel il donna des notices usuelles sur chacun des produits dont le nom marquait chaque jour de l'année; c'étaient tout autant de leçons quotidiennes du cours d'agriculture imposé aux instituteurs de la République. La Convention décréta que cet annuaire serait imprimé à Paris et tiré au nombre de 2,000 exemplaires, pour être distribués aux corps administratifs, réimprimés dans le chef-lieu de chaque département et distribués de là à chaque commune.

Devant ce décret tombent tous les mauvais lazzis par lesquels la réaction a accueilli la substitution de l'*Agenda agricole*, dans l'*Annuaire républicain*, au martyrologe si souvent apocryphe des saints.

N° XVI

HISTOIRE PHILOSOPHIQUE

VOLTAIRE!!!

AVANT LA STATUE LE TOMBEAU!

Dans l'*Almanach météorologique de 1867*, nous avons donné quelques détails inédits sur cette grande et noble figure, qui, avec celle de Jean-Jacques, caractérise l'immense progrès du dix-huitième siècle dans la voie de l'indépendance de la pensée, dont ce génie universel porta si haut le drapeau, avec le prestige d'une plume inépuisable et d'un dévouement sans bornes à l'infortune imméritée et à l'innocence calomniée. Le siècle de Voltaire et de Rousseau semble avoir eu pour mission d'effacer les traces du siècle de Louis XIV, et de préparer l'immense rénovation sociale de 89. La grande Convention s'inspira de cette noble pensée, qui était celle de toute la France, quand elle décréta, par acclamation, que désormais leurs restes vénérés devaient reposer glorieusement sous les voûtes du Panthéon, monument que la patrie reconnaissante consacrait à ses grands hommes, comme l'Egypte antique consacrait des pyramides à ses Rois.

Il reste démontré aujourd'hui que ces deux tombes ont été violées honteusement, et que les Cannibales de la réaction de 1815, profitant d'une nuit ténébreuse, ont été enfouir les restes des deux grands hommes dans la fange d'un terrain abandonné.

Nous terminions notre notice en invitant la France

à réparer le crime de quelques-uns, en exhumant ces deux corps et les replaçant dans leur tombe nationale ; car le terrain qui les recèle est facile à découvrir.

L'article de notre *Almanach* semble avoir fait sensation dès son apparition ; car, à partir du mois de janvier 1867, le nom de Voltaire a formé l'entête de bien des réclames dans les feuilles publiques.

Il y avait là pour les journaux dits libéraux, une belle souscription à ouvrir en leurs colonnes, dans le but de couvrir les frais de cette recherche et de cette translation.

Mais les journaux libéraux ne sont pas les plus libres ; leurs capitalistes ont soin de modérer leur zèle ; et trouvez-moi des capitalistes qui n'aient pas intérêt à être antivoltairiens.

Cependant, il ne fallait pas trop heurter le vœu de l'opinion publique ; l'abonnement pouvait passer à qui aurait ouvert une souscription semblable.

Afin donc de se dispenser de satisfaire l'opinion, on dépista l'attention par une diversion ; on ouvrit une souscription pour dresser une statue à Voltaire, et le bruit qu'on en fit a fini par étouffer l'idée d'une autre souscription plus réparatrice.

Une statue après celles de Pigale et de Houdon ! une souscription à ce sujet, après celle qui fut ouverte du vivant de Voltaire, et en tête de laquelle figurèrent toutes les souverainetés de l'Europe, puis les savants et les grands hommes de lettres, y compris Jean-Jacques Rousseau, qui s'empressa d'y concourir avec la glorieuse obole de sa pauvreté et l'admiration d'un adversaire ! O libéraux ! Fréron eût souscrit à la vôtre.

Une statue à la mémoire de Voltaire ! comme si jamais une statue équivaudra pour la perpétuer à la collection de ses œuvres, que les dévots ne cessent de brûler et qui ne cessent de ressusciter de leurs cendres.

Les journaux avancés d'aujourd'hui en resteront donc toujours au niveau de la *Tribune*, du *Bon Sens*, de *la Réforme* et du *National*, moins Carrel ; vraiment, quand je les lis, je crois rajeunir de trente ans, et je ne m'en sens pas flatté, je vous le jure ; rétrograder, ce n'est pas rajeunir, bien au contraire ; on ne rajeunit que par le progrès.

N° XVII

Les passions politiques s'apaisent ; les opinions s'amendent ; l'histoire se révise et reprend le langage de la raison.

RÉHABILITATION DE JEAN-PAUL MARAT.

On a discuté Robespierre ; jusqu'à mes jours, on n'a eu que des imprécations à proférer contre la mémoire de Marat. Ceux qui possèdent la collection de *l'Univers religieux* ou du *Réformateur* pourront se convaincre qu'en 1834 *l'Univers religieux* en vint à reconnaître que Robespierre était un homme d'une grande conviction, si terrible qu'ait été son règne. Quant à Marat, qui jusqu'à sa mort fut l'idole du peuple, du peuple travailleur et patriote s'entend, enfin de la majorité du peuple français, Marat était resté sous le poids des imprécations que le 9 thermidor 1794 avait inaugurées contre sa mémoire.

Nous avons eu le courage, dès 1864 (*), de reprendre cette question, qui depuis 1794 n'avait pas changé de face, vu que nul ne l'avait traitée sérieusement ; car chacun des prétendus historiens de l'époque s'était contenté de transcrire ce que son devancier en avait dit ; et les panégyristes de Marat, faisant la contre-partie et servant de comparses à ses détracteurs (vociférateurs à gages des clubs borgnes, des cabarets et succursales de la sacristie), exaltaient, dans la conduite de Marat, précisément les horreurs que les réacteurs sans masque n'épargnaient pas à sa mémoire.

Laissant de côté ces détracteurs et ces panégyristes accouplés dans le même but, et n'ayant recours, pour former nos convictions, qu'aux sources mêmes de l'histoire, nous croyons avoir mis en évidence que ce prétendu monstre était un homme de bien ; que cet être à face hideuse était doué d'une physionomie aussi distinguée que sympathique ; que ce rustre était un savant distingué et un littérateur habile ; que ce buveur de sang n'en avait jamais fait répandre une goutte, vu qu'il avait été lâchement assassiné avant le règne de la terreur ; que ce persécuteur acharné des ennemis de la révolution n'avait pas passé un seul jour des cinq dernières années de sa vie sans être l'objet des plus acharnées persécutions ; exposé nuit et jour aux poignards des sicaires, assiégé à coups de canon par les muguets de la Cour dans son domicile, obligé de vivre caché dans le fond des res-

(*) *Nouvelles études scientifiques et philologiques (1861 à 1864)*, par F.-V. Raspail, page 235.

rières, crainte de compromettre les amis qui lui auraient donné asile. Redoutable, il est vrai, aux conspirateurs et à la cour par son intégrité, son talent et sa vigilance, son grand crime était de démasquer tous les fourbes, d'éventer toutes les menées hostiles, et de ne jamais dénoncer à faux et dans l'ombre. On avait deviné, dès 89, qu'une aussi active organisation serait le plus sérieux obstacle que la réaction, dirigée par la main du jésuitisme, devait rencontrer dans son œuvre de démoralisation. Tant que Marat aurait conservé la vie et son influence, la République était assurée du succès. Rien ne lui échappait, en effet, des plus habiles roueries ourdies par les ennemis de cette rénovation sociale. Jamais, lui tenant la plume, la terreur n'aurait pu prendre la place de la justice; ni les enfants de Loyola siéger aux tribunaux révolutionnaires. Il aurait fini par reconnaître la plume du Père Loriquet entre les doigts du Père Duchesne, la voix bizarrement éloquente de quelque Dominique du temps sous la blouse d'un braillard de septembriseur, d'un hurleur distingué par son civisme, et le béguin de quelque sœur *Patrocinio* sous la coiffe de telle ou telle tricoteuse de la place de la guillotine.

Il était donc urgent de l'immoler au salut de la sainte et inexorable cause, lui et son programme. Un coup de poignard débarrassa de sa plume ces pieux brigands ; l'outrage à ses restes et les plus féroces calomnies ont fini par effacer peu à peu de l'opinion publique la vénération que la majorité de la France avait portée à sa mémoire.

Ce qu'on ne saurait disputer à la Société du

Vieux de la Montagne, c'est son habileté à démonétiser la mémoire des honnêtes gens.

La tâche hardie que nous nous étions imposée en mettant le pied sur ce brasier qui, depuis soixante-seize ans, couve encore sous les cendres de la Bastille, n'a été ni compromettante ni stérile. Le livre où nous avons consigné cette tentative de réhabilitation a fait son chemin sans beaucoup de bruit, il est vrai; mais il a provoqué l'apparition de bien d'autres travaux de ce genre, destinés à en amortir l'effet.

Attentive à emboîter toujours le pas du progrès, afin d'être prête en toute occasion à lui donner quelque croc-en-jambe, la Société de Saint-Vincent de Paul, cette *armada* de la Société de Jésus, a enfin jugé à propos de faire quelques concessions aux écrivains de bonne foi qui ont pris à tâche de réviser l'histoire de nos malheureux jours; et c'est à la conférence présidée par M. de Cormenin, qu'est échue cette chance. M. le vicomte de Cormenin, jadis notre confrère en liberté, qui alors... mais depuis, ainsi que tant d'autres, il a jeté son bonnet rouge aux orties, et se montre aujourd'hui hautement en digne et fervent catholique. Dieu en soit loué, et la cause de la liberté félicitée !

Le jeune rédacteur de la conférence persiste encore, il est vrai, à désigner Jean-Paul Marat sous le titre de *médecin des écuries du comte d'Artois*, petite malice qui n'est insultante que pour les gardes du corps de ce prince, car il est démontré aussi clair que le jour que Marat, avant la révolution, avait acheté le titre de *médecin des gardes du corps de Mgr le comte d'Artois*. Les médecins des écuries s'intitulaient alors maréchaux-ferrants.

Item le membre de la conférence continue à accuser Marat d'avoir soutenu que le gouvernement monarchique pouvait seul assurer le bonheur de la France ; pieuse restriction mentale qui fait semblant de confondre l'idée d'un dictateur ou président de république avec celle de monarque de droit divin.

Car, attristé de la faiblesse et de l'indécision que la Convention affectait dans ses délibérations, Marat avait un instant pensé que, pour se garantir d'un naufrage, la république aurait peut-être eu besoin d'un dictateur, pensée qu'il développa et qu'il finit par abandonner dans la séance du 25 décembre 1792, en voyant la Convention sortir, à ce seul mot, de sa torpeur et reprendre le pas révolutionnaire.

A part ces deux pieuses espiègleries, la conférence, par la plume de l'un de ses secrétaires, avoue que Marat 1° *était instruit et savant ;*

2° *Que son style était brillant, coloré, énergique,* seulement, ajoute-t-elle, *d'une poésie sauvage ;*

3° *Qu'il n'était pas méchant... ; qu'il avait quelque délicatesse dans l'âme ; qu'il était sensible à l'amitié ; qu'il aimait le beau sexe, et se montrait galant à l'occasion.*

Il y a bien, dans le texte diffus de ces passages, des *mais,* des *car,* des *si* à toutes ces concessions que la rédaction est forcée de faire à l'esprit du temps, qui commence à briser ses lisières. Je passe une foule de contradictions et d'incohérences éparpillées çà et là, de faits dénaturés dans l'intérêt de la bonne cause ; les concessions des saints ont toujours une porte de derrière ; j'en ai connu jusqu'à trois de ces portes à bien des gens qui président aujourd'hui les conférences, et je n'y ai pas fait une croix ; les unes comme les autres n'en sont-elles pas moins les portes dérobées du ciel ?

Vous me demanderez dans quel but si pressant la Conférence, par la plume d'un de ses membres, a voulu remuer aussi profondément cette question encore brûlante, et cela avec une précipitation dont chaque page porte l'empreinte et le décousu.

De cette épître *urbi et orbi* voici le *post-scriptum*, le mot de la fin qui vaut toute la lettre.

S'il est un fait établi par la tradition, par le témoignage des contemporains et, à moins que ma mémoire ne me trompe, par celui d'Albertine, sœur de Marat, c'est que, quelque temps après la contre-révolution du 9 thermidor an III (27 juillet 1794), le corps de Marat extrait du Panthéon, par décret de la Convention qui venait de lever le masque, a été traîné à travers les ruisseaux et jeté dans l'égout de la rue Montmartre par la *jeunesse dorée* du temps. Or, cet acte de cannibalerie commence à peser sur le cœur de la réaction européenne ; la pieuse bacchante ressent à son réveil un avant-goût d'un remords ; elle voudrait bien s'en défaire en effaçant un souvenir et expliquer par une méprise un fait que nos mœurs nouvelles considèrent comme une hideuse atrocité, quel qu'en soit le patient.

Tout en donnant acte de son indignation à la pieuse société, examinons avec elle jusqu'à quel point on peut accepter son démenti.

Le corps de Jean-Paul Marat a-t-il été jeté par ses ennemis dans l'égout de la rue Montmartre ?

Le rédacteur nous dit qu'on a confondu le corps de Marat avec certain de ses bustes qui ont subi ce sort ; cela, elle l'avoue.

Les milliers de bustes de Marat que la vénération du peuple avait placés spécialement dans les salles des lieux officiels et des réunions publiques, ont été brisés par la réaction du 9 thermidor ; la Conférence l'avoue encore.

La jeunesse dorée fabriqua un mannequin auquel elle donna la ressemblance de Marat, et elle vint le brûler à la porte du club des Jacobins, au milieu des plus cyniques éclats de rire ; elle en déposa ensuite les cendres dans un POT DE NUIT et alla les jeter dans un égout où elle avait jeté déjà le buste, après l'avoir traîné par les ruisseaux. Le rédacteur avoue encore cette saleté ; et comment le nierait-il, puisque tous les journaux du temps, y compris le *Moniteur*, l'attestent unanimement.

« Mais, quant au corps lui-même de Marat, nous dit-il, notre parti fut incapable d'une pareille indignité : et nous allons en donner la preuve péremptoire. » Quand on convient de la première saleté, on ne devrait pas, il nous semble, faire tant le renchéri pour convenir de la seconde ; cependant examinons les raisons avec une attention sérieuse et qui triomphe du dégoût que devrait inspirer une pareille violation d'un tombeau, de l'aveu de la Conférence elle-même (*).

(*) « Nous sommes heureux d'effacer authentiquement de l'*Histoire de Paris*, écrit-elle, la pensée d'une tache dont le

Vous vous attendez, mon cher lecteur, à voir ces braves gens nous exhumer de leurs archives ou des nôtres dont ils disposent comme des leurs, une pièce nouvelle et qui à elle seule tranche définitivement la question. A les entendre, cela en aurait tout l'air : « Nous avons collationné nous-mêmes, disent-ils, les pièces sur les originaux déposés aux archives de la *Préfecture de police.* »

C'est là une faveur qui n'est accordée qu'aux élus, et certes nous n'avons rien fait pour être du nombre; cependant, s'il nous était donné d'aborder ces lieux fermés aux profanes comme nous, il y a cent à parier que nous y trouverions la clé de toutes les révolutions et contre-révolutions qui, depuis 77 ans bientôt, ont renversé tant de ministères et de gouvernements, sans effleurer la peau d'un seul de ces hommes noirs qui, depuis trois cents ans tiennent, de tels événements, les ficelles sacrées. Mais, ne portons pas nos vues si haut, et examinons les pièces collationnées sur les originaux conservés à la *Préfecture de police.*

Ces pièces ne sont rien moins que nouvelles; vous en trouverez le texte au *Moniteur* et dans les journaux du temps. Le collationnement opéré par l'un de ces messieurs n'a donc consisté que dans un travail de correcteur, qui se fait tenir la copie, pour mieux s'assurer qu'il ne s'est glissé dans le

souvenir des surexcitations du moment ne saurait atténuer le caractère odieux. » Ne confondez pas l'*Histoire de Paris* avec celle des actes de la Société de Saint-Vincent d'alors. La population de Paris fut la dupe, mais jamais la complice des septembrisades, des orgies autour de la guillotine, et encore moins des conséquences du 9 thermidor.

texte imprimé ni oubli, ni coquilles ; un tel soin ne vaut pas la peine d'être noté.

Il s'agit tout simplement d'un ordre de la *commission exécutive de l'instruction publique*, transmis le 7 ventôse an III (25 février 1795), au citoyen Soufflot, inspecteur général du Panthéon, et portant : *Vu que la famille de feu Marat ne s'est pas présentée pour faire enlever son corps du Panthéon, d'avoir à faire exécuter le décret du 20 pluviose an III* (8 février 1795) *dans le plus bref délai, et de faire inhumer le corps de feu Marat dans le cimetière le plus voisin* : 1re PIÈCE.

Vous le voyez, elle n'a rien de trop remarquable, si ce n'est ce considérant que la *famille de feu Marat ne s'était pas présentée pour faire enlever le corps*. Ce considérant m'a l'air de faire les yeux en coulisse : Comment les deux pauvres femmes qui résumaient alors à Paris la famille de Marat, se seraient-elles présentées ? Les amis intimes de Marat les tenaient ces jours-là cachées dans des caves, crainte qu'elles n'eussent à subir vivantes le sort qui était réservé à Marat, chassé de son tombeau du Panthéon, par les mêmes hommes qui, cinq mois auparavant, avaient mis leur popularité à l'abri en votant son apothéose. Passons sur cette jovialité de la société de Jésus d'alors invoquée par ces messieurs.

La SECONDE PIÈCE, citée à l'appui de la thèse, c'est le procès-verbal d'exhumation du corps de Marat et de son transport au cimetière ; il est daté du 8 ventôse an III (26 février 1795), signé par le commissaire Parot, par son greffier Desgranges et contresigné par l'inspecteur Soufflot. Or, que dit ce procès-verbal? Le voici en propres termes :

1° *On a fait extraire les restes de Marat, renfermés dans un cercueil de plomb couvert d'une caisse en bois.*

2° *On a fait transporter le cercueil au cimetière ci-devant Geneviève, le plus prochain.*

3° *On a fait retirer le cercueil de plomb de la caisse en bois.* (Comprenez-vous ce genre de respect économique de la commission envers les restes d'un tombeau ; on a ouvert la caisse en bois pour en retirer la caisse en plomb, dans quel but ?)

4° *On a remis la caisse en bois au citoyen Soufflot* (après en avoir retiré la caisse en plomb).

5° *On a déposé le cercueil en plomb sur deux tréteaux pour être inhumé le plus tôt possible.*

Et là-dessus les commissaires s'esquivent, et de l'acte d'inhumation il n'en est plus parlé.

Seulement le membre de la conférence actuelle nous accorde un tout petit aveu, qui est que la *populace* (*lisez* la jeunesse dorée) brisa et mit en morceaux la caisse en bois (petite pécadille).

Mais à nous maintenant de reprendre le sujet : cette caisse en bois avait été remise au citoyen Soufflot dans le Panthéon même ; comment se serait-elle retrouvée dans le cimetière ci-devant Geneviève ? Si la jeunesse dorée a pu briser quelque caisse, ce n'est certainement pas cette caisse en bois. Eh ! comment, dans sa colère, elle qui est censée avoir pu briser une caisse en bois, la sainte canaille, aurait-elle respecté le cercueil en plomb et n'aurait-elle pas mis en pièces une boîte dont tous les morceaux avaient tous d[illegible] valeur ? Dans ces orgies sur des tombeaux, et dans l'intérêt de la bonne cause, on ne néglige pas l'intérêt des petits profits. Quoi! la sainte indignation contre les restes de Marat, indignation qui aurait mis en pièces les planches de la caisse en bois, s'arrête tout à coup devant une mince épaisseur de plomb? Après avoir brisé tous les bustes de Marat en plâtre, en marbre, en bronze, et en avoir traîné les débris dans l'égout de la rue Montmartre, après avoir écrit au-dessus du gouffre immonde : CI-GIT MARAT, cette indignation honnête et modérée aurait eu là, tout près d'elle, le vrai corps de Marat, qu'on la laissait libre d'insulter, et elle aurait permis qu'on l'inhumât en terre sainte, et nul n'aurait été là pour protéger cette profanation des saints lieux?

Mon cher lecteur, qu'en pensez-vous? je vous prends pour juge.

La conférence aura beau vous certifier (sauf une petite restriction mentale), que les *restes mortels de Marat, loin d'avoir été profanés* (comme ses bustes), *ont reçu une* SÉPULTURE, pour ainsi dire CHRÉTIENNE (ce mot est d'elle, il est vraiment séraphique); vous n'hésiterez pas un seul instant à détourner les yeux de cet échafaudage d'inconséquences, pour regarder comme démontré ce fait honteux et horrible pour un parti qui s'en est rendu coupable, à savoir que les restes de Marat furent traînés à travers les ruisseaux et jetés, comme l'avaient été ses bustes, dans l'égout de la rue Montmartre. C'est hideux; mais c'est de l'histoire fondée sur le témoignage des contemporains, et sur une tradition non interrompue de soixante-onze années.

Il conviendrait bien, du reste, à Loyola, de vouloir se laver d'un pareil outrage fait à la mémoire des morts, et de prétendre que d'un acte aussi dégoûtant il en est incapable, tandis que l'histoire l'en proclame coutumier. N'est-ce pas lui qui a exhumé les corps des Port-Royalistes, ces philosophes de la catholicité, pour les traîner sur un bûcher et en jeter la cendre au vent ?

N'est-ce pas lui qui, au commencement de la restauration, a retiré du Panthéon, par une nuit ténébreuse, les restes de Jean-Jacques et de Voltaire, pour aller les enfouir dans la fange des bords de la rivière, où ils reposent encore ; grande postérité, excuse notre génération de rester, par son indifférence, complice d'un pareil sacrilége ; elle a perdu un instant la mémoire du cœur !

N'est-ce pas lui qui a fait traîner par les ruisseaux, jeter dans le Rhône le corps encore tout chaud de ce brave et généreux maréchal Brune, et graver sur les garde-fous du pont en bois, cette épitaphe qui rappelle celle de l'égout Montmartre : CI-GIT LE MARÉCHAL BRUNE ? Je l'ai vu, ce sacrifice humain, de mes tristes yeux vu, et encore aujourd'hui j'hésite à le croire : la foule était pavée de tricornes et de beaux chapeaux de femmes ; la jeunesse dorée paraissait avinée de rage..... depuis lors je ne suis plus retourné dans mon pays natal.

Allons, allons ! rougissons-en, de ces actes, mais ne les renions pas. Nous avouons, nous, qui en sommes incapables, les horreurs dont on a ensanglanté notre première République ; que tout ce sang retombe sur la tête des vrais coupables ! Mais on aurait bonne grâce, vraiment, de vouloir effacer de l'histoire d'un parti, un fait, qui n'est peut-être que le millième de faits pires encore qu'on ne saurait révoquer en doute.

Nous comprenons, du reste, fort bien, que, pour ne pas froisser les généreuses susceptibilités de tous ces jeunes gens qui ont dans les veines du sang de leur siècle, et qui, tout dévoyés qu'ils soient de la ligne que suit le progrès, par des considérations de famille ou les nécessités de leur position, n'apportent pas moins en naissant un cœur qui palpite aux nobles idées de notre régénération sociale ; nous comprenons fort bien qu'on soit obligé de n'accepter l'héritage de ce hideux passé que sous bénéfice d'inventaire, et de repousser avec un semblant d'horreur la responsabilité morale d'une scène des enfers, dont les cannibales auraient rougi sur la terre !.. Extraire de sa tombe un corps que la vénération publique avait confié à l'immortalité du Panthéon, et que la lâcheté des représentants de la nation aurait permis de jeter à la voirie ! Qu'une bande de coquins, déposant la blouse des septembriseurs avinés, pour se farder en muscadins et en incroyables, toujours pour la plus grande gloire de Dieu, ait traîné ce corps à travers les ruisseaux ; que, sans sourciller, ils aient osé voir dépecer tous ces lambeaux dans la boue, laissant de distance en distance de la chair humaine à dévorer aux chiens, aussi voraces de la dent que ces chrétiens l'étaient des yeux ; qu'ils aient traîné ces restes humains jusqu'à l'égout Montmartre !...

Oh ! certes, oui, avouer une pareille indignité ! il n'en faudrait pas tant pour soulever l'indignation du plus cagot d'une réunion de jeunes hommes de notre siècle. Loyola, qui n'est pas embarrassé pour nier l'évidence même, ne doit pas hésiter à désavouer le fait! une telle concession fait honneur, non à lui, mais à ceux qui l'écoutent.

En réalité pourtant, l'événement n'en reste pas moins comme une tache dans l'histoire de nos vieux jours, une tache qu'il incombe à la France nouvelle d'effacer, en fermant à jamais le temple de la guerre civile, et en ouvrant à deux battants celui de la fraternité des citoyens et des peuples. Cette ère nouvelle seule peut nous rendre tous oublieux et enclins au pardon.

Parallèle entre Carnot, Barrère et Marat.

La muse de l'histoire, ainsi que sa chère sœur la muse de la poésie, semble se complaire beaucoup plus dans la fable que dans la vérité.

Que de petits elle a fait grands, que de fripons elle a fait probes, que d'usurpations elle a légitimées, que d'honnêtes gens elle a calomniés! Si près de nous que soient les faits, elle ne recule devant aucun mensonge et y persiste même, quand enfin la vérité, sortant du fond de son puits les témoignages authentiques, vient donner à ses lâches et méchants commérages le plus éclatant démenti.

Il lui faut à peine une heure pour jeter un mensonge dans la circulation; il nous faut ensuite une centaine d'années pour déchirer et le voile qui cache les faits et le masque qui défigure les hommes. Que de masques de ce genre j'ai eu occasion jadis de voir de mes yeux qu'ils évitaient, se pavaner avec la queue de la réputation que l'histoire leur avait cousue au bas de leur flexible rachis !

Mais ne parlons pas de ce temps-ci, il nous écœure; évoquons le passé; du moins celui-là, il révoltait, et l'on savait du coup à qui s'en prendre.

Marat était un monstre abreuvé de sang; c'est convenu; il était tel, même avant que la révolution de 89 en eût versé la plus petite goutte. Dans une justification qui date de janvier 1790, « Necker traite déjà le sieur Marat d'homme sans éducation, sans ami, sans consolation, sans science, sans mœurs, sans patriotisme, n'ayant pour toute association et pour toute compagne que des projets de vengeance et des désirs de crimes, dont la source était dans son cœur. » D'après le même Necker, « Marat aurait voulu aller à la fortune et à la célébrité par des crimes et des folies ; » et toute la brochure est de ce style. Vous voyez que, dès janvier 1790, Marat n'avait plus rien à faire pour mériter le sort qui l'a frappé; la mesure de ses forfaits était déjà comble; Necker l'avait vu d'avance tout entier dans son marc de café.

A cette incartade indigne de la plume même d'un financier, Marat répondait avec le calme d'un homme qui est bien renseigné sur les faits et les chiffres, et qui partant se montre sobre d'épithètes. Le scélérat parlait raison à l'honnête financier en délire. Mais ce calme était une scélératesse de plus sur la liste interminable de ses scélératesses; ceux qui me lisent savent à quoi s'en tenir sur ce point.

Mais en face de ce bilan dressé par la réaction victorieuse, ouvrons celui de Barrère et de Carnot, tous les deux membres du terrible *Comité de salut public* qui pesa en 93 sur toute la France. Du comité inexorable, Barrère était devenu l'orateur à tout faire : il donnait à ses discours le titre significatif de *carmagnoles* ; il les aurait dansées en sabots jusqu'au pied de la guillotine. Cependant le 9 thermidor immole Robespierre, Saint-Just et Couthon ; il oublie Barrère. La Convention l'absout comme un grand enfant qui aurait joué tout innocemment, et sans s'y salir les doigts, avec les petits instruments du supplice de l'époque ; elle se contente pour l'exemple de lui donner un instant sur les doigts. .

Quant à Carnot, homme plus sérieux, on y mit un peu plus de cérémonie ; car on lui supposait une plus forte dose de discernement. Or, il avait contresigné tous les actes d'accusation qui avaient envoyé plus de six mille citoyens à la guillotine ; il était solidaire de ces sévérités légales avec Robespierre, Saint-Just et Couthon. Mais, au lieu de le frapper du même coup qui fit justice de ces trois têtes, on lui permet de se justifier à la tribune, et sa justification fut d'une naïveté à désarmer un tigre en colère :

« Sans doute, d'après lui, il avait contresigné tous les arrêts de mort. Mais, en cela, il ne faisait que remplir une formalité légale ; il contresignait les yeux fermés et sans lire ni le nom du patient ni les considérants du libellé ; cela était si vrai qu'il lui arriva un jour d'apposer sa signature à la cédule qui traduisait, devant l'inexorable tribunal révolutionnaire, le maître même du restaurant chez lequel il dînait tous les jours ; il ne le sut que par la plainte que lui en fit l'épouse de ce brave homme. »

Comment oserait-on traiter de sanguinaire un homme qui envoie les gens à l'échafaud pour ainsi dire les yeux fermés? La Convention thermidorienne accepta la justification, sans doute sans se donner la peine de l'entendre; celle-là ou une autre, qu'importait? Il lui en fallait une quelconque pour la formalité.

Mais vous, mon cher lecteur, comprenez-vous l'énigme de ce sanglant et naïf rébus? L'acte qui traduisait un individu devant le tribunal révolutionnaire devait être revêtu de la signature de tous les membres du *Comité de salut public*; il eût été nul faute d'une seule. Donc si Carnot ne l'avait pas signé, la tête du suspect ne serait pas tombée. Or, Carnot ne refuse son paraphe à aucun acte; six à sept mille sont ainsi contresignés de sa main.... et cet homme n'est pas complice de tous ces faits! Il n'est certes rien moins qu'un homme sanguinaire comme ses collègues! il deviendra président du Directoire; et le 26 messidor an V (14 juillet 1797), jour anniversaire de la prise de la Bastille, nous entendrons le citoyen président Carnot insulter à l'*ombre sanglante de Marat*, lui Carnot, qui avait acclamé à son apothéose et avait contresigné le programme de cette fête nationale de la même façon qu'il contresignait les arrêts de renvoi devant le tribunal révolutionnaire.

Marat est un monstre; Carnot est encore aujourd'hui un grand citoyen!

J'entends résonner à mes oreilles la phrase à effet par laquelle Scipion monte du banc des accusés au

Capitole : *Du fond de son cabinet*, nous a-t-on répété cent fois, *Carnot organisait la victoire*.

Un rhéteur peut se permettre un pareil *lapsus* oratoire ; mais, quel capitaine aurait l'aplomb de l'écouter sans rire? à quel pékin, numéro un même, ferait-on accroire que Jourdan aurait pu remporter les victoires de Jemmapes et de Fleurus du fond de son cabinet et sans se donner la peine de se montrer un seul moment sur le champ de bataille ?

A propos, il paraît que ce membre du *Comité de salut public* organisait mieux la victoire du fond de son cabinet que par sa présence à l'armée ; car, la seule fois qu'il assista à une affaire, en mission pour l'armée du Nord, ce fut une vraie déroute, qui eut lieu, il est vrai, à son insu. Car on le retrouva dans un fossé isolé et bien éloigné du champ de bataille, sur le bord de la route où l'avait jeté son cheval. On peut dire que, s'il ne fut pas vainqueur dans cette affaire, il ne fut pas non plus vaincu ; il avait déjà perdu la piste de l'armée avant que l'armée fût sortie de ses retranchements. A peine remis de sa chute, il revint à Paris réorganiser la victoire, en qualité de ministre de la guerre, en expédiant à l'armée des munitions, des équipements et des vivres,

Dieu me garde d'insulter à la mémoire des morts ; mais arrière les considérations qui dénaturent l'histoire !

Au 18 brumaire, Bonaparte élimina Carnot, et il se passa de lui pendant le Consulat et l'Empire ; du premier coup d'œil il avait pris toute la mesure de la capacité de ce personnage.

Dans les cent jours, Carnot vint s'offrir de son propre mouvement à l'homme que tant de trahisons attendaient à l'œuvre.

Napoléon, qui pourtant n'avait pas trop de tous les généraux qui lui paraissaient fidèles, Napoléon, au lieu de l'emmener à Waterloo, envoie Carnot à Anvers en qualité de commandant de place; et là, presque le lendemain de la bataille de Waterloo, ce grand citoyen arbore la cocarde blanche, il ceint l'écharpe blanche et, par une proclamation accentuée de royalisme et de fidélité, il ordonne à l'armée sous ses ordres de reconnaître Louis XVIII comme le souverain légitime de la France; et presque de ce pas, il vient offrir à Louis XVIII les mêmes services qu'à Napoléon; il présente à son roi un mémoire imprimé et lui soumet ses vues pour consolider le trône légitime et ses plans de conciliation entre la monarchie et l'opinion publique.

A ce revirement, Carnot perdit son temps et sa peine et il se vit forcé de regagner l'exil; résumons-nous :

Carnot signe tous les arrêts de mort que préparait Robespierre; puis, le lendemain du 9 thermidor, il maudit la mémoire de Robespierre et se range parmi les thermidoriens.

Il acclame à l'apothéose de Marat, et cinq mois après il insulte à sa mémoire.

Il offre son épée à Napoléon, et quelques mois après il répudie les couleurs nationales; et lui Carnot, le régicide rallié à l'Empire, il vient se jeter aux genoux du prince qu'il avait contribué à exiler vingt-six ans auparavant.

Carnot n'en est pas moins, dans l'histoire écrite,

par le tiers et le quart, un grand citoyen : tandis que Marat, qui n'a contresigné l'arrêt de mort de personne, qui de 1788 à 1793, n'a jamais dévié une minute de son programme, qui n'a appartenu à aucune coterie et dont la devise n'a cessé d'être : *tout pour le peuple et par le peuple*, Marat qui a vécu pauvre et est mort pauvre, idole du peuple et martyr de l'aristocratie, Marat est un monstre abreuvé de sang; il est stéréotypé tel encore aujourd'hui et sous la plume de tout écrivain à la suite des partis vainqueurs. Et il faut de l'audace et plus que de l'audace, de l'abnégation et plus que de l'abnégation, pour oser s'inscrire en faux contre tous ces jugements presque passés en force de chose jugée !

Non, cela ne fait pas honneur à la critique de notre temps. Excusons-la sans doute; ce qu'elle connaît le moins c'est l'histoire de cette grande époque; et la sût-elle par cœur, ses habitudes et son point de vue ne lui permettraient pas de l'apprécier comme elle le mérite.

Derniers renseignements sur cette question.

En traitant *in extenso* ce fragment de l'histoire révolutionnaire dans mes *nouvelles études* (1861-1864), j'ai parlé d'une entrevue qu'en 1835 il m'a été donné d'avoir avec Albertine, sœur de Marat.

Cette digne personne était parvenue à une belle vieillesse, en vivant du travail de ses mains. Elle avait jeté les yeux sur moi pour laisser après elle comme en dépôt, la collection des instruments de physique de son frère, ainsi que le recueil de l'*Ami du peuple*, et autres opuscules annotés tous de la main de Marat lui-même : « Je ne puis les déposer en de meilleures mains, me disait-elle. »

Mes démêlés avec un petit juge et un plus petit ministre, vinrent interrompre malheureusement mes relations avec cette excellente et bonne vieille, exemple sublime, si obscur qu'il soit resté, de la fidélité à la mémoire d'un honnête homme, maudit et réprouvé de tous.

Ces démêlés avec la justice furent longs et acharnés :

Une fois que j'eus terminé de régler mes comptes avec l'un et l'autre de mes adversaires, je n'eus rien de plus pressé, non pas que de me transporter en personne au domicile de cette demoiselle, j'étais trop traqué, suivi, observé de près ou de loin par une police qui n'aurait pas manqué de faire partager à la pauvre demoiselle une portion des tracasseries qu'on ne me ménageait pas.

Je confiai le soin de continuer mes relations avec elle, à un intermédiaire en qui j'avais cru pouvoir mettre toute ma confiance. Qui m'aurait dit que celui-là m'eût trompé, aurait semblé me faire une injure personnelle ; à qui me fier, si ce n'est à lui ?

D'après son rapport, le nom de Mlle Marat était devenu complétement inconnu à l'adresse que j'avais donnée.

Or, c'était là un mensonge et une trahison, une des plus indignes trahisons que l'enfer m'ait dévolues dans ma vie si accidentée de pareils déboires.

Car la pauvre fille n'a changé de demeure que

pour aller à sa dernière; elle est morte en 1844, je ne l'ai appris qu'en 1865; et je n'ai ainsi hérité que d'un remords.

Qu'on ose encore me traiter d'homme soupçonneux! Si j'ai à m'adresser un reproche, c'est de ne l'avoir pas été assez et de ne pas avoir porté le soupçon jusqu'à ses dernières limites; avec la génération actuelle ce défaut devient vertu.

Il paraît que les reliques de Jean-Paul Marat sont échues à deux particuliers que cette sœur, modèle de fidélité, avait considérés comme deux francs et loyaux dépositaires.

Je ne sais pas ce qu'ils auront fait de la collection des instruments de physique; quant à l'exemplaire annoté du journal de l'*Ami du peuple*, exemplaire le plus complet que l'on ait jusqu'ici connu, ces messieurs l'ont vendu à Solar, au prix de 2000 francs; et, à la vente Solar, l'ouvrage a passé dans la bibliothèque Labédoyère, où il est cadenassé peut-être et inaccessible à bien des gens. Heureusement j'ai entre les mains plus d'une pièce détachée qui suffit amplement à la justification de l'AMI DU PEUPLE de 89.

Documents bibliographiques.

Le jésuitisme, qui gangrène l'Europe depuis soixante et dix ans, s'est tellement acharné à la destruction des œuvres de Marat, que les livres qui portent son nom sont devenus de plus en plus rares. La réaction thermidorienne avait le plus grand intérêt à ce que l'on connût l'homme, non par ses ouvrages, mais par la réputation posthume qu'elle lui faisait ; il est démontré aujourd'hui que, pour mieux arriver à ce but, on avait fabriqué exprès des numéros de l'*Ami du Peuple*, dégoûtants de cynisme et de déraison. *Tantane relligio !*

C'est donc une bonne fortune pour les bibliophiles que d'avoir à leur signaler quelques particularités inédites qui se rattachent à ce nom :

1° A l'appui de quelques articles de son journal l'*Ami du Peuple*, où Marat avait publié des inculpations très-graves contre Necker, à l'appui de ces renseignements, il crut devoir mettre au jour une brochure assez étendue, intitulée : *Dénonciation faite au tribunal du public par* M. MARAT, *l'ami du peuple, contre* M. NECKER, *premier ministre des finances* (avec cette épigraphe empruntée à J. J. : *Vitam impendere vero*). Ce mémoire fut présenté, le 4 novembre 1789, à dix imprimeurs de Paris, qui refusèrent de l'imprimer (cela arrive plus d'une fois encore aujourd'hui à certains auteurs) ; il fut soumis au comité municipal des recherches le 5 décembre, jour où Necker fit arrêter l'auteur.

« Pour le faire paraître, dit Marat, il a fallu que je me *fisse* imprimeur. »

L'ouvrage fut publié le 18 janvier 1790.

Mais, dès le 22 janvier, Necker répondit à ce travail par une nouvelle arrestation, effectuée par une armée de douze mille hommes. Il n'en fallait pas moins pour contenir l'élan de l'indignation publique soulevée par cette mesure arbitraire.

Marat ne se laissait pas intimider pour si peu : et sa première brochure fût suivie de près par une *Nouvelle dénonciation de* M. MARAT, *l'ami du peuple, contre* M. NECKER, *premier ministre des finances, ou supplément à* LA DÉNONCIATION D'UN CITOYEN CONTRE UN AGENT DE L'AUTORITÉ. Ce dernier membre de phrase rappelle le titre de la première édition de l'opuscule ci-dessus. On lit au bas du titre : *Londres, et se trouve à Paris chez tous les marchands de nouveautés,* 1790.

La première *dénonciation* se compose de IV — 69 pages ; — la *seconde* de 40 pages.

2° Necker comprit bien que faire arrêter un homme, ce n'est pas se justifier, que le faire condamner par des juges salariés, ce n'était pas le réfuter. Il se vit donc forcé de répondre à ces deux factums par un autre intitulé : *Justification de* M. NECKER, *premier ministre des finances, ou Réponse à la dénonciation du sieur* MARAT, *par un citoyen du district de Saint-André-des-Arts.* Dans cet écrit, la rage du rédacteur est portée à son paroxysme et semble ne tremper sa plume que dans la bave. Les accusations de Marat sont articulées avec une certaine courtoisie ; la réponse de Necker dépasse toutes les bornes de l'injure et de la mauvaise foi. L'écrit se compose, outre le faux titre, de 29 pages in-8° ; même format que les deux écrits de Marat. Dans mon exemplaire, ces trois pièces sont reliées ensemble.

3° A cette riposte de Necker, Marat répliqua en faisant réimprimer à Genève, chez PELLET, *imprimeur-libraire*, 1790, une nouvelle édition de sa première dénonciation, avec un nouveau titre :

Criminelle Neckerologie, ou les manœuvres infâmes du ministre Necker entièrement dévoilées; in-8° de 69 pages. Les cinq premières pages de la première édition sont remplacées ici par une INTRODUCTION où, cette fois, Marat rend à Necker la monnaie de son factum ou *justification,* etc.

La réaction trouva que ce qui était bien sous la plume de Necker était d'un malappris sous la plume de Marat; quand, vers cette époque, un modéré immolait un honnête homme, par ce seul fait, celui-ci était proclamé un fieffé scélérat. Cette tactique remonte à trois cents ans et ne paraît pas avoir vieilli encore.

4° Du même Passe-partout qui renfermait les trois premiers ouvrages, j'en ai extrait un quatrième; il est intitulé : *Vie privée et ministérielle de* M. NECKER, *directeur général des finances, par un citoyen;* brochure in-8° de 96 pages; en tête se voit le portrait de Necker avec cette souscription : M. NECKER, PREMIER MINISTRE DES FINANCES. Cet ouvrage est certainement sorti de la plume de Marat : Il est signé par UN CITOYEN, comme l'était le premier tirage de la *première dénonciation;* il porte la même épigraphe : *Vitam impendere vero;* il est imprimé à Genève, chez le même imprimeur-libraire PELLET, chez qui est censée avoir été imprimée la *Neckerologie;* enfin l'expédition de Bailly et de Lafayette contre les presses de Marat, ce qui eut lieu le 22 janvier 1790, y est racontée avec des détails que Marat seul pouvait connaître et constater.

5° Cet écrit fut suivi par un autre également de Marat; il est intitulé : *Supplément à la vie privée et ministérielle de M. Necker, directeur général des finances, par un citoyen;* in-8° de 40 pages, avec un frontispice représentant une pyramide à demi-démolie, des ruines de laquelle sort l'arbre de la liberté surmonté du bonnet phrygien; les gardes nationaux la défendent contre les coups de bélier dirigés par la noblesse, et contre les coups de marteau de Bailly; un abbé dépave la rue pour fournir des projectiles. — Cette brochure porte l'épigraphe de la première; elle est imprimée à Genève, chez le même Pellet, et est datée de mai 1790.

6° Dans la même année 1790, parut une autre brochure intitulée : *Astuce dévoilée ou origine des maux de la France, perdue par les manœuvres du ministre* NECKER, *avec des notes et anecdotes sur son administration*, par M. RUTOLFE DE LODE; in-8° de 114 pages, avec le portrait de M. NECKER à l'*aquatinta*, et sans nom de ville.

On serait tenté d'attribuer cette brochure à MARAT, tant elle offre de rapports avec les faits incriminés dans la précédente; mais on y rencontre sur Mlle Curchaud, plus tard Mme Necker et sur Mme la baronne de Staël, sa fille, des particularités intimes que la plume, toujours chaste, de Marat aurait laissées de côté, particularités cependant que la vie ultérieure de Mme de Staël n'a rien moins que démenties; elle s'annonçait dès lors la digne fille de ses parents par ses galanteries affichées, par les nébulosités d'une philosophie tudesque, dont ses interminables conversations étaient constellées et par ses préférences antinationales, hautement formulées en tout temps. Sous l'anagramme RUTOLFE DE LODE, il est facile de retrouver le nom du chevalier RUTLEDGE, qui se fit alors avec tant d'éclat l'interprète des boulangers de Paris contre les accapareurs Leleu, créatures de Necker et propriétaires des moulins de Corbeil.

Corbeil a conservé longtemps ce monopole, tantôt patent, tantôt dissimulé, selon les circonstances; le règne de Louis-Philippe a eu plus d'un petit Necker, protecteur de plus d'un Leleu.

Ici finit la part de la bibliographie que j'avais à vous faire; je passe à des sujets qui conviennent à un plus grand nombre de lecteurs.

COMPAREZ

On a lu dans l'*Univers* du 11 octobre 1867 :

« Je préfère mille fois, pour la société, à l'homme honnête, mais impie, des Cartouche et des Papavoine.

» *Signé* : DE MARGERIE. »

Libres penseurs, on ne vous l'envoie pas dire : les préférences de certaines gens ne sont pas pour vous : Entre un scélérat et un samaritain, homme digne de l'estime publique, mais ne faisant pas le signe de la croix, il n'y a pas à hésiter ; le pharisien préfère Barabas ; aussi ses préférés abondent. O mon pauvre dix-neuvième siècle ! où vas-tu en fait de doctrines ? Est-ce au siècle de Dominique, alors que les Papavoines préférés égorgeaient les honnêtes Albigeois, femmes, vieillards et enfants surtout !

N° XVIII

CULTURE MARAICHÈRE

Multiplication par la taille des sortes comestibles de choux.

(Choux multipommes, choux en panicules, choux en épis ou ananas, choux petits blancs.)

Pendant mon séjour en Belgique, je trouvai qu'après avoir coupé la pomme ordinaire du *chou de Savoie* (petite variété musquée de notre *chou de Milan*), si j'abandonnais, vers le premier printemps, le trognon enraciné (le trognon est la tige ou pivot que termine la pomme de chou), il en poussait trois ou quatre et même (quoique plus rarement) cinq nouvelles pommes, moindres il est vrai que la précédente, mais dont la somme dépassait le volume de celle-ci; je dénommai cette forme de seconde génération, *chou multipomme* (*). Chaque pomme était munie comme la précédente d'un assez long trognon; l'ensemble de ces pommes formait une rosace horizontalement étalée. J'en laissai monter en graines, et j'ai cru remarquer que les choux venus de ces graines avaient une plus grande tendance que les graines communes à reproduire le phénomène de cette multiplication.

Condamné ces deux dernières années à être le jardinier en chef de mon potager, en punition de mon peu de foi et par jugement de la sainte inqui-

(*) Voyez *Revue complémentaire des sciences appliquées*, tom. III, pag. 42, sept. 1856.

sition occulte (je vous expliquerai l'énigme plus tard ; j'en ai bien ri, car j'en ai ri le dernier), je tournai du côté du jardinage mes habitudes d'observation ; et j'en ai profité pour poursuivre l'expérience par une autre voie que m'indiquait l'induction, c'est-à-dire l'analogie. Or, le résultat a dépassé, de la manière la plus curieuse, tout ce que la théorie aurait pu me permettre de prévoir.

Je repiquai dans deux planches distantes l'une de l'autre, des choux provenant d'un semis du premier printemps ; je dois avertir que la terre assez compacte venait d'être fumée avec un compost de rebuts du potager arrosés chaque jour avec de l'urine humaine mêlée au savon de toilette, compost que l'on abandonnait au bout de quelque temps à la fermentation avant de l'enfouir.

Or il arriva que presque toute cette fournée de choux ne tarda pas à monter en graines. Un jardinier connaissant son art, ce qui devient une rareté par le temps qui court (*), aurait retourné le terrain et enfoui cette moisson de choux en engrais vert pour un autre genre de culture ; moi qui ne suis rien moins que jardinier, je procédai (sans témoin, crainte de la critique routinière), d'une tout autre façon.

Je me mis à tourmenter chaque jour mes pieds

(*) Tous se donnent pour tels, surtout quand ils vous sont envoyés par une certaine société occulte, et même quand ils ne savent ni lire ni écrire. Ceux-là vous font la leçon sur tout, ils vous promettent tout ; et au bout du compte ils ne vous rapportent rien, moins que rien, si ce n'est une miraculeuse multiplication de mauvaises herbes et de mauvais procédés. Malheur à vous si vous les mettez à la porte ; ils vous feront un procès avec l'argent et l'intercession de certains patrons.

de choux rebelles, et à couper impitoyablement tout rameau qui commençait à bourgeonner des fleurs ; je soumettais ainsi mes choux à la torture de la taille pour voir ce qu'ils me produiraient, en les empêchant de porter des fruits, c'est-à-dire des graines.

Il arriva que tous ces plants fatigués d'avorter ainsi, et ayant dépassé la saison de la fructification, se mirent à pommer, qui d'une façon, qui d'une autre, et à me dédommager, par de curieuses métamorphoses de formes comestibles, du temps que j'avais passé à violer toutes les règles de l'art.

Car, dès le mois de juillet 1867, nous avons récolté des produits aussi curieux que savoureux.

Les multipommes ne manquaient pas, les uns à trognons secondaires courts, les autres dont les tiges en trognons (*) secondaires atteignaient jusqu'à cinquante centimètres de long.

A côté de cette forme multiple, on rencontrait des pommes isolées sur leur unique trognon, et celles-ci bien simples en apparence, devenaient les plus curieuses de toutes, dès qu'on les débitait pour les besoins de la cuisine; car, dans l'aisselle de chaque feuille, on découvrait un petit chou d'une grande blancheur et qui avait souvent la grosseur d'un œuf de dinde; les feuilles recouvrantes, gaufrées et frisées ou lisses comme celles du chou cœur-de-bœuf, selon la graine d'où ils provenaient, ces feuilles allaient en diminuant de bas en haut à

(*) Le trognon c'est la tige dont les feuilles stériles sont tombées et que terminent les feuilles qui forment la pomme en se recouvrant les unes les autres.

mesure qu'elles étaient recouvertes elles-mêmes par les inférieures, et leurs petits choux axillaires allaient par contre en augmentant de volume à mesure que l'ampleur de la feuille diminuait; ils représentaient ainsi un épi de grosse taille. La tige ainsi pommigère se terminait par une ramification de tiges florigères, de petits choux-fleurs qui avaient blanchi sous le couvert des feuilles recouvrantes. Ces petits choux, y compris le chou-fleur terminal, ont été trouvés délicieux, parfumés et fondants, surtout étant cuits au bouillon gras; et les feuilles recouvrantes n'en différaient, sous ce rapport, que par une consistance un peu plus grande, la consistance des choux pommés ordinaires et de bonne qualité.

D'autres individualités de choux se ramifiaient en tiges feuillues et arrivaient ainsi à une hauteur de 80 centimètres, avant de pommer à l'aisselle ou au sommet des rameaux.

Enfin, chez d'autres, les feuilles tombaient à mesure que se formaient les choux axillaires, qui, en grossissant, se serraient les uns contre les autres, et offraient ainsi de gros épis de choux pommés, épis terminés par une touffe de feuilles, comme les épis d'ananas, ou une ramification de grosses tiges, courtes et terminées chacune par une touffe de fleurs embryonnaires ramassées en une espèce de *pompon.* Cette forme rappelait celle des choux dits en France *choux de Bruxelles*, et qu'on désigne à Bruxelles sous le nom de *petits choux*. Mais la structure serrée de cet épi de choux axillaires, leur énorme grosseur individuelle, ainsi que leur blancheur interne, dissimulaient complétement à la première vue l'analogie physiologique de leur structure avec les choux de Bruxelles.

Il est fort possible qu'à l'aide de cette incessante mutilation on parvienne à prolonger au moins deux ou trois saisons de suite la reproduction de ces types comestibles, et qu'en supprimant au fur et à mesure les *bourgeons porte-graines*, on continue indéfiniment la récolte des *bourgeons pommés*.

Considérations physiologiques.

Il n'existe pas de plantes potagères qui ne proviennent d'une espèce sauvage ; la plante cultivée est un perfectionnement usuel d'une plante jusque-là sans utilité pour l'homme ; c'est un artifice de la culture, c'est le produit d'une fécondation rendue plus puissante par le concours d'une terre plus riche en humus, plus perméable à l'air et à la chaleur, plus imprégnée d'eau qu'à l'état sauvage ; un engraissement enfin de la plante par suite d'une alimentation plus abondante, et parce que la culture et l'art prodiguent à sa végétation tout ce qu'un sol avare lui mesurait avec parcimonie.

Par exemple, rien ne ressemble moins au chou pommé (*Brassica oleracea capitata*) que le chou sauvage (*Brassica oleracea sylvestris*), qui vient spontanément sur les bords de la mer, dans le Midi, en Normandie, et de l'autre côté de la Manche. Que dis-je ? ne repiquez pas le chou cultivé, et laissez-le monter en graine, et vous aurez complétement, et par tous ses caractères, le chou sauvage.

C'est ce chou, redevenu sauvage, ce chou porte-graine que, par la taille continue, j'ai ramené à la structure du chou cultivé. En montant en graine, il eût été annuel ; par la taille, je l'ai rendu bis-annuel et presque vivace ; il redeviendrait porte-graine si on ne l'en empêchait en le coupant au pied. Tout indique que l'on pourrait obtenir de beaux choux pommés par la taille du colza lui-même (*Brassica campestris*), que l'on ne repique pas, et que l'on cultive en grand uniquement pour l'huile de ses graines.

Voici la raison physiologique de ces revirements spécifiques : le chou cultivé ne pomme que parce qu'on le *repique ;* le *repiquage* est la taille de la racine, qui, en forçant le plant de refaire sa racine, retarde l'époque de sa montée en graines, et fait arriver la floraison embryonnaire à une époque peu favorable à son développement ultérieur. Car la sommité terminale et florigère existe dans le sein de toute tête de chou, si bien qu'elle soit pommée, et si volumineuse que soit la pomme ; et il n'est pas besoin d'un bien fort microscope pour retrouver le *petit chou-fleur* dans la sommité remboîtée qui forme le cœur et presque le centre du *chou* le plus régulièrement *pommé.*

Notre taille tourmentée de la tige qui monte en graine, ne fait que reprendre l'œuvre manquée de la taille du *repiquage* sur le pivot radiculaire, et force le plant de *pommer* faute de pouvoir *fructifier* en la saison favorable ; d'une espèce annuelle à l'état sauvage, cette taille fait donc ainsi une espèce comestible au moins bisannuelle.

Dans ce cas, la végétation, forcée de s'arrêter

dans son développement floral, se concentre dans l'élaboration des feuilles, qui, de simples et lisses, longues et spatulées qu'elles étaient, se pressent et se moulent les unes sur les autres en espèces de calottes soit lisses, soit gaufrées, selon que le réseau des nervures suit le développement des organes cellulaires ou qu'il reste en retard.

Il arrive alors qu'abritées de plus en plus contre les rayons solaires, les feuilles supérieures par les précédentes et inférieures, elles s'étiolent graduellement et finissent par acquérir cette blancheur légèrement lavée de jaune qui coïncide avec la tendreté de leur tissu, et qui, d'un plant sauvage et de mauvais goût, fait un légume parfumé, savoureux et nutritif qui souvent et pour l'homme des champs équivaut à la viande.

Une soupe aux choux, assaisonnée d'un peu de lard, de sel, de poivre, de beurre et d'appétit, connaissez-vous rien qui vous affriande davantage? Je m'adresse aux chasseurs de toutes les classes et ne crains point d'être démenti; en me lisant, leur odorat en sera tout affriandé par le souvenir de l'une ou l'autre de leurs belles journées de fatigues et de succès.

Revenons à la théorie : dans ce que nous venons de déduire, vous avez la clé de toutes les métamorphoses que la culture fait subir au *chou sauvage* : Le *chou cavalier* est le plant dont la ramescence n'arrive pas à point pour la fructification et dont toutes les feuilles restent ainsi simples et herbacées.

Le *chou pommé* est le plant dont la fructification retardée par la mutilation radiculaire du repiquage est devancée par le développement des feuilles inférieures et s'étiole par le recouvrement et l'emboîtement de ces organes.

Le *chou-fleur* est celui dont la ramescence destinée à porter graine n'est pas assez ombragée par les feuilles inférieures pour rester embryonnaire, mais l'est assez pour s'étioler, blanchir et pommer, pour ainsi dire, à un moment qu'il faut surprendre ; car cette pomme de rameaux gros d'organes embryonnaires de la fructification ne tarderait pas à monter en graines, à mesure que les feuilles qui l'abritent donneraient accès aux rayons du soleil, en s'étalant au grand air.

Le *chou de Bruxelles* est le plant dont les bourgeons axillaires à toutes les feuilles inférieures pomment en petits choux verts et non étiolés ou blanchis, vu que la feuille mère s'étale et les expose ainsi à la clarté du jour. Le plant ne laisse pas que d'avoir au sommet une petite pomme plus volumineuse et moins serrée que les petits choux.

Nos *petits choux blancs* sont des choux axillaires d'un bien plus grand volume que les *petits choux de Bruxelles*, parfaitement blanchis, parce qu'ils se développent dans l'aisselle de feuilles qui pomment et blanchissent elles-mêmes par leur recouvrement réciproque.

Nos *choux multipommes* sont des plants dont les bourgeons axillaires reprennent leur développement après la chute des feuilles et le retranchement de la pomme terminale, et finissent par *pommer*, après s'être dépouillés successivement d'un certain nombre de leurs feuilles caulinaires ; ce qui leur forme ainsi un trognon variable de longueur.

Quant à la qualité comestible de ces *petits choux blancs* ou *multipommes*, si, comme bien d'autres, vous les trouvez bons, *mangez-en en mémoire de moi;* il est bien entendu qu'en le faisant vous croirez ne manger que des choux et non de la viande de qui que ce soit.

N° XIX

PHYSIOLOGIE VÉGÉTALE

Métamorphoses du Lemna vulgaris

(Lentille d'eau).

Ars longa, vita brevis.

L'expérience est lente, la vie est courte.

(HIPPOCRATE.)

J'ai employé toute la belle saison de 1867 à poursuivre la veine de mes recherches sur ce sujet curieux ; et je vais raconter les résultats que mes nouvelles observations ont acquis à la science.

Je vous ai fait pressentir, dans l'*Almanach* (ou *Calendrier météorologique de 1867* (page 160), que la petite plantule aquatique, connue sous le nom vulgaire de *lentille d'eau*, ne devait être qu'une déviation passagère de la germination de la graine du cresson, et que celle connue sous le nom botanique de *Lemna trisulca* n'était qu'une déviation de la germination de la plante aquatique qui prend, après son développement complet, le nom vulgaire d'*étoile d'eau*, et en botanique celui de *callitriche aquatica* (belle chevelure de la nymphe des eaux). Chaque pas que je fais dans cette voie de recherches est un pas de plus qui me rapproche de la démonstration rigoureuse de ces faits inattendus.

Le 2 avril je saupoudrai de graines de Cresson de fontaine (*Sisymbrium nasturtium*) la surface de l'eau contenue dans un verre à boire. Ces graines restèrent toutes suspendues à la surface de l'eau. Ce ne fut que le 10 avril que je parvins à en faire tomber quelques-unes au fond.

Le 14 avril il sortait de quelques-unes des graines tombées au fond du verre une radicelle blanche. Mais celles qui étaient restées à la surface commençaient toutes à germer; et l'une d'elles laissait déjà échapper une racine blanche ornée d'une collerette de poils blancs vers le milieu de sa longueur ; cette collerette était son chevelu.

Le 15 avril je saupoudrai des mêmes graines la surface de l'eau contenue dans un petit pot de faïence de forme cylindrique, pour voir si l'opacité des parois occasionnerait quelques différences entre les résultats de la double expérimentation. A mesure que la racine s'allongeait chez les graines tombées au fond du verre, on les voyait remonter à la surface; quelques-unes s'étaient débarrassées de leur *test* ou coque, et avaient l'air de tout petits têtards ; les deux cotylédons blancs appliqués l'un contre l'autre formant la tête de cette similitude.

Toutes les graines de cresson qui sont tombées au fond du pot de faïence y sont restées sans germer, asphyxiées faute de lumière ; toutes celles qui sont restées à la surface y sont restées sans jamais tomber au fond, quelques longues et tortueuses que soient devenues leurs racines, blanches comme la neige, mais non ramifiées.

Le 19 avril, les deux cotylédons de chaque plantule s'étaient étalés sur la surface du liquide ; ils étaient d'un beau vert luisant ; c'étaient, à s'y méprendre, deux feuilles de *Lemna* (lentille d'eau), accouplées bout à bout, la face externe devenant la page inférieure et concave, la surface interne formant la page supérieure ou éclairée, convexe, arrondie et craquante comme les feuilles de *Lemna*;

la ressemblance ne pouvait pas être plus frappante, surtout quand ces deux cotylédons verts furent parvenus à leur dimension dernière (trois millimètres de diamètre), diamètre qu'ils ont rarement dépassé et qu'ils avaient atteint le 25 avril.

Quand tous les germes se furent développés de cette manière, le tapis vert que leur contiguïté offrait au-dessus de l'eau aurait passé aux yeux de tous pour un tapis de lentilles d'eau.

Les racines, cylindriques et d'un beau blanc, finirent, en se divisant et se subdivisant, par se réduire à la dimension d'un chevelu confervoïde par leur exiguïté et leur couleur verdâtre ; et plus tard ce chevelu se feutrant faute de pouvoir s'étendre, formait des plaques vertes, comme on en trouve, dans les eaux stagnantes, telles que les botanistes les prennent pour de vraies conferves en coussinets. Dans les eaux courantes, ce chevelu se développe en longueur, et représente, par ses longues tresses, la luxuriante chevelure des Naïades.

J'ai vu le même phénomène se reproduire sur les racines des graminées d'un gazon qui recouvrait les bords d'une pièce d'eau en béton ; forcées de flotter dans l'eau faute de terre végétale, elles finissaient par y former des touffes confervoïdes vertes et du plus joli effet.

La nature est un protée qui se joue de toutes nos classifications.

Le 22 août tout était resté stationnaire dans les deux vases, à l'exception de quelques plants qui avaient poussé une petite tigelle munie de deux ou trois petites feuilles vertes, mais qui n'ont pas continué plus loin leur maigre et grêle développement.

Je pensai que cet état stationnaire provenait de l'absence complète de terre végétale dans l'un et l'autre récipient. Je recommençai l'expérience, en déposant un tiers de terre végétale dans le fond des deux pots, et en semant de nouveau des graines de cresson à la surface de l'eau. Mais, au mois d'octobre suivant, je n'avais pas obtenu d'autres résultats que la première fois.

A beaucoup de pieds de ces jeunes cressons, j'ai tranché la racine près du collet avec les ciseaux; sur d'autres, j'ai isolé les cotylédons parvenus à leur plus grande croissance; or, jusqu'au mois d'octobre, je n'ai pu ni voir pousser, à la page inférieure des cotylédons ainsi isolés, le bourgeonnement d'une de ces racines qui caractérisent les *lemna*, ni aucun de ces cotylédons accoucher, à l'un ou l'autre de leurs bords, d'une feuille nouvelle; et pourtant les cotylédons ainsi isolés sont restés verts assez longtemps à la surface de l'eau.

C'est là seulement que m'a abandonné l'analogie, qui s'était si bien soutenue sous tous les autres rapports.

Pendant que je suivais l'expérience par un bout, j'établissais une contrepartie par l'autre.

Dans notre cressonnière, abandonnée à cause de la stagnation de son eau, ont continué de se reproduire, les rosaces de *Callitriche* ainsi que des *lemna* flottant à la surface.

Le 2 août, je recueillis et séparai avec soin cinq à six plants de ces *lemna*, tous munis de leur appendicule cylindrique et radiculoïde. Je les déposai à la surface de l'eau d'un pot de terre, dont le trou était fermé par un bouchon de liége, et qui contenait de la terre végétale jusqu'à la moitié de sa hauteur. La terre avait été prise dans un terrain sec et qui ne pouvait être dépositaire d'aucune graine de plante aquatique.

Les appendicules radiculoïdes de chaque feuille de ces *lemna* s'allongèrent de jour en jour ; dès le 22 août, ils avaient déjà atteint la vase, et leur bourgeon terminal s'y était déjà enfoncé, pour s'y enraciner : l'appendicule jouait ainsi le rôle d'une tige simple, mais aplatie, enracinée dans la vase du fond et formant rosace à la surface de l'eau.

Nous voilà arrivé à la forme du *callitriche*.

L'eau du vase s'étant éclaircie par suite d'une assez forte pluie, je distinguai bientôt, à la surface de la vase, des petites plantules à deux cotylédons exactement semblables aux deux cotylédons des graines de cresson, qui s'épanouissaient de la même manière et qui finissaient en allongeant leurs tigelles par venir former rosaces à la surface de l'eau ; chaque feuille de ces rosaces poussait en dessous un appendicule radiculoïde, qui descendait et allait s'enraciner dans la vase, pour reproduire la plante par son bourgeon terminal qui venait à son tour former rosace à la surface de l'eau. Ces rosaces, nées les unes des autres, finissaient par former une large croûte verte.

Ce résultat obtenu, j'enlevai l'eau du vase ; j'exhaussai la surface de la motte de terre jusqu'au bord du vase par une quantité de nouvelle terre vierge sur laquelle j'assis cette motte ; l'arrosage se faisait par le bas, au moyen d'une assiette remplie d'eau, dans laquelle plongeait le vase de terre.

Les rosaces s'appliquèrent d'elles-mêmes sur la surface de la terre, comme elles s'étalaient auparavant à la surface de l'eau. Les tigelles suivirent le mouvement de leurs rosaces; mais, exposées maintenant à la lumière directe, elles verdirent et se hérissèrent d'un *byssus* vert, ou chevelu radiculaire en miniature, coloré en vert par le soleil.

Cela étant ainsi disposé, et les feuilles des rosaces changeant de milieu, elles se fanèrent à la longue; mais en même temps il surgissait de terre des petites plantes à deux cotylédons verts, entièrement analogues aux deux cotylédons du cresson de fontaine.

D'un autre côté, le 27 septembre, j'ai vu distinctement un petit plant de *lemna* flotter à la surface de l'eau que j'avais saupoudrée de graines de cresson.

Je continue les expériences; mais j'en clos la rédaction, ce 14 octobre 1867.

Conclusions.

1° Les cotylédons de la graine de cresson de fontaine (*Sisymbrium nasturtium*) prennent l'aspect, la forme et la consistance craquante des feuilles de *Lemna* (*lentille d'eau*); et ils se maintiennent à la surface de l'eau, comme elles, quoique chargées du poids de leur système radiculaire.

2° Les *Lemna* vont s'enraciner dans la vase, en

y plongeant le bourgeon terminal de leur appendicule radiculoïde qui y germe et y reproduit, en étalant ses deux cotylédons, la germination des graines de cresson de fontaine.

3° Nous approchons, on le voit, de la démonstration du problème; et cette métamorphose perd pied à pied du merveilleux que semblait offrir sa première énonciation.

XX

PHYSIOLOGIE INTELLECTUELLE

Visions.

Le merveilleux n'est qu'un effet naturel d'une cause indéterminée; la peur qu'il nous cause ne vient que de la perplexité où nous laisse l'inconnu. Tout se dissipe et on en rit dès que tout s'explique.

Les peuples les plus poltrons en ce genre sont donc les peuples ignorants; ils sont doublement dupes, et de leur illusion et de la fourbe avec laquelle les malins de la bande les exploitent.

Parmi les peuples instruits, il est plus d'un philosophe qui, en certains cas, s'est laissé aller à l'impression vulgaire; et j'en ai sous la main un exemple qui a paru inexplicable à l'homme le moins crédule en quoi que ce soit et qui en a été le témoin lui-même; c'est le Chevalier de Jaucourt, un des rédacteurs de *l'Encyclopédie* dont Voltaire faisait le plus grand cas; je rapporte le fait de souvenir, n'ayant pas sous la main, en ce moment, l'article de *l'Encyclopédie.*

Il existait, dans le château de son père, une de ces immenses et hautes chambres à coucher du vieux temps, où l'on respirait si à l'aise la nuit et où l'on dormait si bien dans ces larges lits qui pouvaient contenir jusqu'à quatre personnes; les murs de l'appartement étaient tendus de ces tapisseries de haute-lice, consacrées, comme toutes celles d'alors, à des sujets de la Bible; l'un de ces sujets représentait le Grand Prêtre descendant les marches du temple de Jérusalem.

Or, la tradition portait que tous ceux qui s'étaient hasardés à passer la nuit dans cette pièce du château avaient vu ce Grand Prêtre venir lentement à eux. Le Chevalier de Jaucourt, en esprit fort qu'il était, voulut se rendre compte par ses propres yeux de ce fait étrange : Il fait la visite la plus scrupuleuse de l'appartement, s'assure que derrière la tapisserie, pas plus qu'au plafond, il n'existe de trucs et engins d'aucune espèce; il verrouille la porte et ferme les fenêtres, pose sa lampe et se met au lit, en ouvrant de grands yeux pour se garantir de toute cause d'illusion et de faiblesse.

Quelques instants après, il voit clairement le Grand Prêtre se détacher de la tapisserie et s'avancer lentement vers lui. Le Chevalier saute à terre pour le palper de ses propres mains; le Grand Prêtre s'éloigne à reculons jusqu'à sa tapisserie.

« Explique qui voudra la chose, dit le Chevalier, voilà ce que j'ai vu. »

Et quand il racontait cette étrange apparition, chacun de ses auditeurs a dû faire la chair de poule; de plus nul, jusqu'à ce jour, n'avait expliqué ce fait.

Or, vous allez comprendre, par ce que je vais vous dire, que ce fait est susceptible de la plus naturelle explication.

Tout cela, en effet, dépendait du mécanisme de notre œil qu'on n'avait considéré jusqu'alors autrement que comme une lentille immobile.

Notre pupille a la propriété de se dilater et de se contracter tour à tour, selon l'intensité de la lumière et la fixité de notre attention. Plus elle se contracte, et plus l'objet que nous fixons rapetisse son image; plus la pupille se dilate, et plus l'objet semble grossir. D'où vient cet effet? Le voici : notre vision a lieu par la convergence des rayons lumineux qui rentrent par notre pupille pour arriver au foyer de la vision. Ce foyer est un point variable de distance au sein de l'humeur vitrée de l'œil; nous percevons les objets extérieurs avec notre œil, comme nous les regardons à travers une lentille de verre, c'est-à-dire sous un angle variable d'amplitude, ce qui dépend de l'éloignement des objets et du diamètre que prend notre pupille pour les voir.

Il est évident que le même objet situé à la même distance, que l'on fixera à travers une pupille de trois millimètres de diamètre, paraîtra plus grand que si on le fixe à travers une pupille d'un millimètre de diamètre. L'image, dans le premier cas, occupera une surface trois fois plus grande que dans le second; il n'est pas besoin d'une figure pour rendre cette idée palpable; sous le même angle, l'image sera plus grande sur la calotte d'une sphère d'un plus grand rayon.

Cela étant bien compris, plus votre attention se portera sur un objet, et plus votre pupille se dilatera; plus, dès lors, l'image que vous fixez s'agrandira.

Or, l'expérience acquise dès notre première jeunesse nous a appris que tout ce qui se rapproche de nous grandit à nos yeux.

Donc, tout ce qui grandit à nos yeux semble se rapprocher de nous.

Ce rapprochement perçu par notre œil est vrai dans l'état ordinaire et indifférent de notre vision, et alors que la pupille garde ses dimensions habituelles.

Il est illusoire, si quelque préoccupation exceptionnelle fait varier ces dimensions d'une manière plus ou moins durable. C'est un effet analogue à celui de la fantasmagorie, avec cette différence que, dans les apparitions fantasmagoriques, c'est l'image qui grossit sans changer de place, et que, dans ces sortes de visions, c'est la pupille qui s'agrandit sans que l'objet grossisse; et, dans l'un et l'autre cas, l'objet semble avancer, quoique ni l'objet ni l'œil ne bougent de place.

Appliquons ces principes au fait signalé par le Chevalier de Jaucourt.

Fortement préoccupé de la légende, le Chevalier, du haut de son lit, applique son regard sur le Grand Prêtre de la tapisserie qui couvre la muraille; sa pupille dès lors se dilate et l'image du Grand Prêtre grandit; par conséquent, elle semble se détacher de la toile pour avancer d'un pas.

Cela paraît étrange, la pupille se dilate davantage; l'image, en conséquence, augmente d'autant et semble avancer proportionnellement; cela paraît encore plus étrange, et la pupille se dilate davantage; ainsi de suite.

Le Chevalier saute à bas du lit pour aller palper le Grand Prêtre qui de son côté semble s'avancer; dès ce moment, l'image recule à mesure que le voyant approche; et, à l'étape dernière, le poursuivant retrouve l'image appliquée sur sa toile comme auparavant.

C'est qu'à chaque pas que fait en avant M. de Jaucourt, l'image diminue et semble ainsi reculer. C'est là une contrepartie dont il nous reste à donner l'explication.

Tant que M. de Jaucourt reste dans son lit, l'image continue d'avancer autant que la pupille continue de se dilater. Si la dilatation cesse, l'image s'arrêtera; si, de fatigue ou autrement, la pupille, arrivée à la limite infranchissable de sa dilatation, se contracte, l'image semblera reculer d'autant.

Il en sera de même, mais par un autre mécanisme, si M. de Jaucourt avance. En effet, le cône lumineux, qui atteignait la pupille et convergeait vers le foyer de l'œil, pendant que M. de Jaucourt ne bougeait pas de place, ce cône lumineux déborde la pupille dès que M. de Jaucourt fait un pas en avant; la portion corticale, qui déborde la pupille, diminue l'image d'autant. A chaque pas de plus, nouvelle troncature, c'est-à-dire nouvelle portion externe du cône lumineux qui déborde la pupille, nouvelle diminution de l'image et, partant, nouvel éloignement apparent de l'image jusqu'à ce que l'œil soit arrivé à la distance de la vision distincte.

Ainsi s'explique la légende rien que par le mécanisme de l'œil fortement impressionné; et, dès ce moment, ce qu'elle a de merveilleux se dissipe devant la nouvelle théorie de la vision.

Il en est des autres apparitions comme de la précédente; je ne parle pas des jongleries pieuses, telles que celles de la Salette, de la madone qui remue les yeux, des yeux du Christ qui pleurent le vendredi saint, des tables tournantes, parlantes, etc., etc.; je ne m'occupe ici que des apparitions vraies et sans qu'il soit besoin de compères.

Visions morbides.

S'il est une situation d'esprit qui expose à des visions étranges, c'est certainement la peur; car elle grossit les images réelles par la dilatation de la pupille de l'œil le plus sain.

C'est de cette manière que la peur crée des fantômes : dans l'ombre alors tout s'altère en s'allongeant; un homme paraît un colosse, un tas de feuillage un monstre, et le plus inoffensif passant quelque chose comme le diable. L'œil grossit et rapproche l'image par l'agrandissement de sa pupille; l'imagination l'interprète selon la dose de l'instruction de l'individu.

L'homme de sang-froid est le meilleur interprète du phénomène; il a l'œil fixe et immobile; rien ne se déforme à sa vue; il est courageux dès lors, parce qu'il voit juste; il voit juste, parce qu'il est courageux.

Rien ne contribue plus à donner des visions que l'afflux du sang au cerveau. L'œil se dilate tellement à la suite qu'on ne voit plus comme on voyait auparavant et comme voit tout le monde; tout grossit d'instant en instant et, tout se déforme, vu que le grossissement de l'image n'a pas lieu à la fois, mais par portions successives, que tel bras grossit avant tel autre et telle portion du visage avant toutes les autres; alors les fleurs de la tapisserie s'animent, les êtres animés s'agitent et tourbillonnent.

Un homme doué de toute sa raison risquerait, à ce spectacle, de perdre la tête, si cela durait longtemps ; le plus courageux en prendrait la panique et finirait par demander grâce à ces spectres qui n'existent que dans son œil.

La vision de saint Antoine n'était qu'un paroxysme de fantasmagorie, issu de l'agrandissement de la pupille, sous l'influence d'une surexcitation cérébrale causée par le jeûne et la terreur de l'enfer.

La plupart des fous ne sont donc que des amblyopes ; ils deviendraient raisonnables, rien qu'en devenant aveugles.

Tous les peuples de la terre ont une vénération pour les fous poltrons et les visionnaires ; leur paradis est peuplé de ces pauvres d'esprit qu'ils invoquent ensuite dans leurs prières ; mais les pauvres d'esprit n'ont pas plus d'oreilles que d'yeux ; et voilà pourquoi les prières restent si souvent stériles.... en Arabie, comme en Cochinchine ou au Monomotapa.

N° XXI

PETIT TRAITÉ

DE MORALE UNIVERSELLE.

Un être qui serait seul sur la terre n'aurait aucun devoir à remplir.

Admirer Dieu, ce n'est pas un devoir, c'est la plus douce jouissance ; nous nous rapprochons de lui en étudiant ses œuvres.

Mais quel besoin la divinité a-t-elle donc de nous? et quel blasphème que de prétendre travailler pour sa gloire !

Pauvres atomes ! quelle gloire pourrions-nous ajouter, avec notre voix criarde, à celle que nous racontent les immenses harmonies du ciel?

Dès que deux êtres vivants se rencontrent, et qu'ils sont de la même espèce, là commencent le droit et le devoir, dont ils retrouvent tous les deux la règle dans leur cœur, comme nous retrouvons l'instinct de nos besoins dans notre organisation spéciale modifiée par les climats.

Les devoirs varient selon les espèces d'êtres vivants, de même que selon les espèces varient les besoins.

Le droit et le devoir sont réciproques : je te sers, tu me sers, servons-nous tous chacun selon nos aptitudes et nos forces.

Le devoir pour chaque espèce est contenu dans ce vers si naïf :

> Il se faut entr'aider, c'est la loi de nature,

ainsi l'a dit l'inimitable traducteur de toutes les langues non parlées, à l'usage et pour l'éducation des animaux parlants.

Il se faut entr'aider, chacun dans son espèce et contre toutes les autres espèces ; c'est ainsi que se forment les sociétés.

S'entr'aider, c'est continuer l'œuvre de la création, en la protégeant contre tous les obstacles et contre les menaces de destruction.

Le premier des devoirs, c'est de croître afin de multiplier, de devenir fort afin de donner le jour à des êtres forts. C'est l'œuvre à deux qui, dans une société primitive, dure toute une vie d'homme, et qui, dans une société décrépite, finit par n'être plus qu'un vil calcul, un serment d'avance parjure, un accouplement d'un moment faute de forces physiques assorties ; c'est une vaste promiscuité, parfaitement tolérée tant qu'on n'a pas signé un morceau de papier. Ce petit bout de papier peut, dans certains pays, envoyer un homme aux galères pour la même action que commet impunément tout autre qui n'a rien signé.

Les hommes ne devraient pas avoir besoin d'une loi pour être obligés de tenir leur parole. L'amour, le vrai et le premier amour, devrait tenir lieu de Code. Quand la loi intervient, c'est qu'elle nous suppose un jour répréhensibles.

C'est dans l'intérêt des enfants que la loi intervient d'une manière sévère ; en certains pays, cela excuse ses rigueurs.

Aimer respectueusement ses parents, c'est aimer son Créateur dernier en date, c'est un instinct. Qui ne l'éprouve pas envers celui qui en est digne, est une monstruosité ; il n'est pas complet du côté du cœur.

Il en est de même de l'amour des enfants : les aimer c'est une loi de nature ; on s'aime soi-même en les aimant. L'homme fort ne calcule pas ce devoir, il se laisse entraîner ; l'amour de soi mène à l'amour des siens. Aimer et être aimé, c'est le seul bonheur sur cette terre, en quelque lieu, en quelque saison et à quelque âge que ce soit.

Aimer sans être aimé peut être l'écueil du fou ; c'est un rêve pour le sage. Plaignez le jaloux ; c'est une âme en peine, un aimant à un seul pôle, un cœur incomplet ; il peut en devenir fou ; ne le frappez pas comme un coupable.

La promiscuité sociale, dans certains pays, en faisant douter de tout, en mettant tout en question, semble effacer l'instinct du cœur et n'en conserve que les simagrées pour sauver les apparences.

La morale gagne immensément à ce qu'on marie jeunes les jeunes gens, et cela comme ils se conviennent, et non comme ils conviennent aux parents ; ce ne sont pas les parents qui épousent.

Dans un État civilisé, le premier des devoirs envers tous, c'est de travailler d'une manière utile et à soi et à ses semblables. Chacun pour tous, tous pour chacun ; chacun selon ses forces et le degré de son intelligence.

Si le travail est un devoir, il n'y a aucun genre de travail qui honore plus qu'un autre, dès qu'il a un but de générale utilité. Ce qui déshonore, c'est le travail nuisible à soi et aux autres, moralement ou physiquement.

Que chacun fasse deux parts du produit de son travail : l'une pour subvenir à ses besoins journaliers, l'autre à réserver pour les besoins futurs, afin de n'être jamais à charge à personne soit dans sa vieillesse, soit en cas d'un sinistre et d'une incommodité.

L'homme improbe est un parasite qui prend et ne rapporte rien. Donnez à chacun du travail selon ses forces, et un salaire selon le chiffre de ses besoins.

Le premier des besoins, après les soins de la vie animale, c'est l'instruction ; en tout état de cause, l'instruction, c'est le progrès ; c'est elle seule qui peut augmenter la somme du bien-être général, en fournissant les moyens de diminuer la durée du travail et d'augmenter les produits, ce qui diminue les dépenses et laisse plus de temps aux travaux intellectuels qui signalent des nouvelles ressources.

Si l'on doit s'entr'aider au nom de la loi de nature et selon les espèces, l'homme n'a le droit d'enlever ni la vie, ni l'honneur à son semblable.

Qui tue un assassin est assassin ; qui déshonore son semblable, au lieu de le ramener au bien, ne l'aide pas, et ne fait pas ce qu'en pareille circonstance il doit attendre de lui.

Que dire de ces grands paresseux qui, pour un mot, sont toujours prêts à couper la gorge à un autre? espèces de mauvais sujets, qui n'attaquent que parce qu'ils pensent n'avoir rien à redouter, et qui souvent ne s'acharnent après un honnête homme que pour se soustraire à de terribles accusations, parce qu'ils ne le sont pas ; virtuoses de l'épée, comme d'autres sont virtuoses du violon, ils trembleraient de tous leurs membres si on leur ripostait à coups de gourdin et avec la force du poignet. L'assassin de grands chemins est moins coupable que ces flâneurs, à toute autre chose inutiles : celui-là, il a faim.

Abolition de la peine de mort au nom de la loi de nature, qu'aucune loi n'est en droit de violer

Quant aux crimes et aux délits, l'instruction seule, mais la vraie instruction, c'est-à-dire l'étude de la nature, finira par les effacer de nos codes.

En attendant, ne punissez pas le coupable ; tâchez de le ramener au bien, et gardez-le tant que ses mauvais instincts le rendront dangereux pour la société ; quelle inconséquence que de protéger les animaux et de torturer un homme !!! Quelle inconséquence que de mettre à la porte et de jeter dans la rue le coupable qui n'a d'autres ressources que de recommencer, pour avoir de quoi manger !

Que dire des grands massacreurs d'hommes pour le plus futile sujet ? Pourquoi le pirate est-il un écumeur de mer, quand on fait un conquérant d'Alexandre ?

Quand verrons-nous les peuples vider leurs différends entre eux, par l'arbitrage, ainsi que les simples particuliers entre eux ?

Quand verrons-nous nos jeunes gens discuter pour s'instruire et instruire les autres, et non pour avoir l'air de ne pas avoir tort ? La conversation devrait être une école mutuelle, où chacun enseigne et apprend à son tour. Écoutez celui qui en sait plus que vous sur un point donné ; on vous écoutera à votre tour, si vous en savez plus que les autres. Apprenez d'abord, afin d'enseigner ensuite.

Ne croyez rien sur parole; étudiez tout et assurez-vous de tout.

Laissez à chacun sa manière de voir; la pensée ne relève que d'elle-même; que chacun émette la sienne en toute liberté : la bonne se fera jour toute seule à travers les autres.

Le plus grand scélérat fut un jour celui qui, le premier, voulut frapper comme un crime le produit du raisonnement, cet instrument de la perfectibilité humaine.

O divine paix, te verrai-je, avant de mourir, régner en souveraine sur la terre? Ne me sera-t-il pas donné, au moins à mon dernier soupir, de baiser ton sceptre et de m'agenouiller au pied de ton trône, cet admirable trophée de bien-être et de vertus! Car du spectacle d'aujourd'hui, j'en suis oppressé comme d'un cauchemar infernal, dont le réveil n'est que la continuation du précédent rêve.

Dii meliora!!!

N° XXII

CORRESPONDANCE

PHILOSOPHIQUE ET RÉPUBLICAINE

ENTRE

LA DUCHESSE DE SAXE-GOTHA

ET

L'ASTRONOME LALANDE ET SA NIÈCE

Le petit Etat de Saxe-Cobourg est devenu célèbre par les qualités de ses princes conjoints.

Celui de Saxe-Gotha, au contraire, par la haute instruction de ses duchesses. Les qualités des premiers paraissent être inhérentes au sol. Celles des duchesses sont une bonne chance; et cependant elles pourraient émaner de la même source; car les mariages princiers dans ce pays se contractent entre cousins; la fortune, de cette façon, ne se morcelle pas; les Saxons sont peu ambitieux et partant très-économes.

Sur le trône de Saxe-Gotha ont régné deux Uranies :

La duchesse de Saxe-Gotha avec laquelle correspondit Voltaire, de 1753 à 1767, se nommait, de son nom de famille, Louise-Dorothée de Saxe-Meiningen. Née le 10 auguste 1710, elle épousa, en 1729, son cousin Frédéric III, descendant comme elle de Bernard de Saxe-Weimar, l'un des plus célèbres capitaines du dix-septième siècle.

Elle eut pour correspondants secondaires Grimm, Raynal et Diderot.

La duchesse de Saxe-Gotha, avec laquelle correspondirent Lalande et sa nièce, se nommait Marie-Charlotte-Amélie de Saxe-Cobourg-Meiningen (*), née en 1752. Elle épousa Ernest-Louis, Duc de Saxe-Gotha et Altenbourg.

C'est la volumineuse correspondance de cette princesse qui m'est tombée entre les mains, en même temps qu'une foule de lettres autographes de ses parents et correspondants : des astronomes le baron de Zach, Bessel, Burkardt, Delambre, de Cassini, Lalande, etc.

Entre autres lettres de Lalande, j'ai presque toute sa correspondance avec sa mère, qu'il idolâtrait, Mme LEFRANÇOIS, DIRECTRICE DES POSTES A BOURG-EN-BRESSE. Il signe ces lettres tantôt LALANDE et tantôt LEFRANÇOIS DE LALANDE ; plus tard, quand la révolution eut forcé l'Institut d'adopter l'orthographe de Voltaire, il signa LEFRANÇAIS. Il semble découler de ce mélange de noms patronymiques que son père se nommait de Lalande et que sa mère épousa en secondes noces M. Lefrançois, directeur des postes à Bourg-en-Bresse, qui l'adopta.

Dans sa correspondance avec sa mère, il lui

(*) Le public allemand affectait de prononcer *Meinungen*, afin de pouvoir se permettre ce calembourg, que les princes de Saxe-Gotha étaient les plus populaires d'Allemagne, puisqu'ils avaient à eux toutes les *opinions* (*meinungen*).

fait part des progrès de ses études, et ils furent rapides.

Dans la correspondance de la duchesse de Saxe-Gotha avec la nièce, quand on la lit à bâtons rompus, on est tout étonné d'entendre la Duchesse appeler Mme Lefrançais-Lalande ma sœur chérie et Lalande mon oncle : C'était là tout simplement une alliance de cœur engendrée par la science.

La nièce de Lalande se nommait Jeanne Harlay ; elle épousa Lefrançais de Lalande neveu (*). Elle était devenue une grande astronome à l'école de l'oncle de son mari. Or, de longue date Lalande était lié avec le duc de Saxe-Gotha, par l'intermédiaire du baron de Zach, astronome du château de Seeberg, l'observatoire du Duc. En outre, le baron devint l'ami de la maison, et surtout celui de la Duchesse ; ce qui fit que, pour lui plaire, le Duc et la Duchesse se livrèrent à l'astronomie avec le plus grand succès et l'aidèrent dans ses calculs.

La nièce de Lalande ne pouvait manquer de se lier avec la Duchesse : Elle était une des plus gracieuses, des plus spirituelles et des plus savantes femmes de son temps ; et la Duchesse, avec moins d'esprit et moins d'habileté en astronomie, ne laissait pas que d'être une des plus aimables princesses d'Allemagne et des plus philosophes de sa nature ainsi que par tradition, mais surtout par sa liaison avec Zach.

Un voyage que la nièce de Lalande fit avec son

(*) J'ai une propension à croire que Jeanne Harlay était la fille naturelle de Lalande ; elle lui était trop dévouée pour n'être pas de son sang.

oncle, à Gotha, rendit nos deux *virtuoses* (*) inséparables. A partir de cette époque, elles s'écrivirent presque tous les jours. J'ai entre les mains les lettres de la Duchesse, de 1796 à 1813.

Il fut convenu entre elles qu'elles ne se donneraient plus que le titre de sœurs, ce qui fit que l'oncle de l'une devint l'oncle de l'autre. L'oncle *Auguste* (prince de Saxe) va encore plus loin ; dans une foule de ses lettres, il donne à ses deux correspondants les titres de *mes protecteurs, mes bienfaiteurs.* On devine sous ces mots énigmatiques certaines brouilles de ménage, dans lesquelles Mme de Lalande devait intervenir avec l'ascendant de son amitié.

Lalande n'accepta pas ces titres avec la même modestie que sa nièce ; il s'en prévalut trop et d'une manière trop compromettante en bien des circonstances ; ce qui amena souvent des brouilleries entre lui personnellement et la nièce Duchesse ; mais n'anticipons pas.

Dans une lettre datée du 26 frimaire an VII (16 déc. 1798), la Duchesse écrit à sa sœur d'adoption : « Vous me dites, vers la fin de votre lettre, que vous n'aimez pas votre nom de *Jeanne*, et que je dois vous en donner un de ma façon : J'avais une sœur qui me fut bien chère et que j'ai eu le malheur de perdre cette année ; je retrouve en vous une amie, une sœur chérie ; il faut adopter son nom, comme vous remplissez entièrement sa place dans mon cœur. Je vais donc vous baptiser et vous

(*) Dans les *mémoires* dits *de Bachaumont*, ce mot revient souvent pour signifier femmes de science ou de lettres.

donner le nom d'*Amélie* qu'elle portait ; c'est aussi un des noms que je porte moi-même, car je me nomme Marie-Charlotte-Amélie (*elle ne signe que* Charlotte *dans toute sa correspondance*) ; ainsi, abandonnez votre *Jeanne*, et nommez-vous dorénavant *Marie-Amélie.* »

Il y avait à la cour de Gotha un oncle qu'on appelait prince Auguste, homme instruit, aimable, philosophe et qui parlait et écrivait le français aussi purement que le Duc, et mille fois plus purement que la Duchesse ; cet oncle devint, par la même création, l'oncle de Mme Marie-Amélie de Lalande ; il signait *le Borgne* (*à cause d'une maladie d'yeux*), et avait pour paraphe un S horizontal, se roulant en spirale par les deux bouts. Il écrivait sans façon sur du papier bleu d'emballage, vu qu'il y avait pénurie de papier dans le duché de Gotha, comme un peu partout, à cette époque. Le papier de la Duchesse, en général, n'était pas plus beau ; seulement, il était rehaussé du cachet de ses armes en cire rouge.

Mme de Lalande, en qualité de membre adjoint de la famille, était chargée de tout l'approvisionnement de la Cour ; son goût faisait loi. Elle expédiait de Paris les modes tout aussi bien que les télescopes, les livres et les médailles tout aussi bien que les chapeaux, les souliers des grands jours et les robes de mariées.

Rien de plus affectueux que ce que la Duchesse dit à son oncle ; rien de plus tendre et de plus passionné que sa correspondance avec sa sœur adoptive ; je ne sais pas dans quel vocabulaire de l'amitié elle va trouver toutes ces tournures, toujours nouvelles. Dans le paradis des chrétiens on doit s'en dire autant jusqu'à la fin des siècles ; du reste, là-haut il ne doit plus y avoir de sexes, et ce doit être en tout bien tout honneur, — comme à Gotha.

Chaque fois que Mme de Lalande annonce de nouvelles couches, la Duchesse s'empresse d'envoyer, même par procuration, les noms qui doivent être donnés à son petit-neveu ; elle désigne elle-même la marraine qui doit la représenter au baptême ; car, ce qui me surprend, c'est que Lalande, plus que libre penseur, permît à sa nièce de faire baptiser ses enfants.

Dans cette longue série de lettres ducales, je n'en rencontre qu'une seule du Duc ; elle est datée du 3 juillet 1792 ; c'est une lettre de remerciements pour l'éloge que Lalande avait fait, dans le *Journal des Savants*, de l'ouvrage du baron de Zach, auquel le Duc avait coopéré par ses calculs. Le silence qu'il garde ensuite s'explique parfaitement bien par le passage d'une lettre de la Duchesse, lettre datée du 29 frimaire an VII (19 décembre 1798) : « Le Duc, dit-elle, est aristocrate ; toutes les mauvaises nouvelles qui regardent les Français sont racontées par lui avec une joie choquante. Toutes les sottises que fait le gouvernement français, c'est comme si c'était moi qui les eusse faites. »

Il est vrai que, dans toutes ses lettres, la Duchesse professe hautement ses sympathies pour la France révolutionnaire, son adhésion à ses principes, ses vœux pour leur triomphe et sa haine contre les ennemis de notre pays. Vous allez en juger :

« J'aimerais mieux avoir toute l'armée française

ici qu'un seul Russe... je voudrais que les chers républicains fussent heureux... moi qui suis passionnée républicaine, je voudrais que le trésor fût plein de belle monnaie. » (26 frimaire an VII ou 16 décembre 1798.)

Dans une autre lettre, elle manifeste son enthousiasme sans arrière-pensée, et aussi haut que le fit Matthieu de Montmorency dans la nuit du 4 août 1789 : « Savez-vous bien, ma chère sœur, que l'on craint plus que jamais la guerre de la France avec l'empire. Que deviendront nos amis d'ici, si on les chasse? Vous avez beau me dire de venir en France! Mais que puis-je y faire sans argent? Je n'ai aucun capital à moi, je n'ai que mes revenus annuaires. Je ne puis être à charge à mes amis, et je ne puis gagner mon pain, car je ne sais rien. Toute mon ambition serait de finir mes jours à Paris; mais on ne voudrait pas d'une ex-duchesse, et je crains, avec toute ma démocratie, qu'on ne veuille pas de moi quand je n'aurai plus rien. Mais si j'étais sûre de tout porter avec moi, je ne changerais pas de façon de penser et je trouverais toujours que de sacrifier au culte de l'humanité entière, est un sacrifice que l'on doit faire volontiers... Que je gagne, que je perde, je serai toujours dans la même conviction : *Vive la république française! Vive la grande nation!* Je resterai française de cœur et d'âme, et je ferai toujours des vœux pour le progrès des armes républicaines. J'espère que le roi de Naples sera bientôt en Sicile où il pourra aller, avec les autres rois chassés, au *Carnaväl de Venise* (vous en trouverez la description dans Voltaire)... C'est un mauvais métier que celui de rois, de princes en général. » (Lettre du 26 nivose an VIII ou 16 janvier 1799.)

Dès que Buonaparte paraît sur l'horizon, elle s'attache à sa renommée ; elle le devine dès ses premiers pas dans le chemin de la gloire ; elle l'appelle mon héros ; elle demande son portrait ; elle applaudit à ses triomphes. Pendant qu'il est en Egypte, elle écrit à son amie : « Je suis bien charmée que mon héros Bonaparte devienne empereur turc... j'espère qu'il voudra bien me donner une toute petite place dans son sérail, comme astronomette. » (22 thermidor an VII ou 9 août 1799.)

» Si vous avez occasion de parler à Bonaparte, voulez-vous lui dire combien je l'aime ?.. Faites en sorte de trouver quelque chose que vous lui ayez vu porter et priez-le de vous le donner pour moi. » (25 frimaire an VII ou 15 décembre 1799.)

Elle est au courant de tout ce qui le concerne : Le 16 brumaire an VIII (7 novembre 1799) : « Il faut espérer, écrit-elle à son amie et sœur, pour samedi 18 brumaire, que ce sera un jour heureux pour moi. » On voit qu'elle était dans le secret ; elle méprisait profondément Barras et son directoire.

Sa haine contre les Autrichiens égale sa prédilection pour la France :

« Nous autres, pauvres Allemands, nous sommes toujours les bêtes de somme de S. M. Impériale. Nous sommes toujours quittes en payant et nous faisant rosser ; toutes nos guerres finissent comme les comédies italiennes. » (8 messidor an VIII ou 27 juin 1800.)

« Que Bernadotte, dit-elle ailleurs, chasse l'Empereur de Vienne, et qu'il mette la cocarde républicaine sur la plus haute tour... tous vos généraux sont des Bonaparte. » (6 germinal an VII ou 26 mars 1799.)

« A Vienne, Buonaparte doit donner sur les fesses à l'Impératrice pour les petitesses de Rastadt... C'est une horrible femme que cette Impératrice et une vraie mégère. Je lui souhaite une Charlotte Corday pour l'amour du genre humain. » (5 thermidor an VIII ou 24 juillet 1800.)

Mais au revers de la médaille, et quand le républicain Bonaparte commence à tendre la main au Pape, Charlotte en recule de stupéfaction. Le masque tombe et le héros s'efface un peu. Voici comment elle commence à modifier son langage :

« Le prince-évêque de Constance, baron de Dalberg, est de retour à Erfurth (à quelques lieues de Gotha) ; tous les princes-évêques, qui ont peur des Français, viennent s'établir dans cette ville : c'est tout naturel, puisque Erfurth est la seule ville de Thuringe qui soit catholique. Ces messieurs y font semblant d'avoir beaucoup de mœurs et de religion ; dès que les Français les pourchassent, l'amour de Dieu leur revient. Vos prêtres catholiques et vos prêtres émigrés sont bien contents de mon héros : ils bénissent Dieu et surtout la Vierge de lui avoir accordé la grâce efficace, de lui avoir ouvert les yeux et de l'avoir converti. Pour moi, qui ne suis qu'une pauvre péronnelle allemande, je trouve que cette farce de religion ne lui était pas nécessaire et que cela n'est pas la plus belle plume de son chapeau ; j'aime qu'on reste fidèle à ses principes ; mon héros n'avait pas besoin de ces moyens...

Comme je l'aime, cela me fait du mal de lui voir faire toutes ces simagrées avec le Pape. Pour me raccommoder avec lui, il faut qu'il fasse bien peur à notre Empereur, sans lui faire trop de mal; par exemple, qu'il lui fasse faire une belle promenade dans une belle et bonne voiture, de Vienne à Paris. En chemin, on lui donnerait des omelettes soufflées à manger; vous savez qu'il aime infiniment ce plat. » (13 fructidor an VIII ou 31 août 1800.)

Son étonnement va crescendo à mesure que la fatalité ou plutôt le jésuitisme pousse Bonaparte dans la voie qui l'a conduit à Sainte-Hélène. Elle écrit le 24 floréal an X ou 14 mai 1802 : « Dites, ma bonne et chère sœur, depuis le Concordat, n'a-t-on pas de nouvelles modes ? Car, comme les Français veulent devenir pieux, il faut bien qu'ils redeviennent volages, enfin, qu'ils deviennent de bons Français du temps de l'ancienne cour ! Bientôt l'ordre du Saint-Esprit, et les parlements, et les ducs et pairs redeviendront à l'ordre du jour. Déjà l'évêque de Paris est dans le sénat; notre bonne ville de Paris, comme disait défunt Henri IV !.... Si du moins le roi (Bonaparte), avait une jeune reine qui lui donnât un *dauphin* ou au moins une autre *grosse bête* qui puisse devenir la sangsue des pauvres Français, après la mort du roi ! »

« Terrible révolution ! vos têtes françaises ont fait un terrible bruit et peu de besogne : car à quoi votre révolution vous a-t-elle menés ! » (11 floréal an X, 1er mai 1802).

On voit que l'âme de cette brave Duchesse se brisait à la vue de cette palinodie antirévolutionnaire; et l'on ne tarde pas à s'apercevoir que sa tendresse pour sa sœur chérie se refroidissait de jour en jour en même temps que son admiration pour son héros.

Bien souvent elle avait supplié Lalande de ne pas la citer dans les feuilles publiques ; elle en apportait pour raison que cela lui donnait un mauvais vernis dans la société allemande, vu qu'une femme savante avait en ce pays l'air d'une femme galante. Mais, dès la première lueur de réaction en France, Lalande se vit en butte à toutes les tracasseries sourdes qui surgissent en ce cas ; seul de tous ses élèves, devenus ses collègues, il persistait à rester ce qu'il fut. Vous savez combien la Société occulte est adroite pour ridiculiser ceux qui se refusent à baisser le front sous sa férule. Les Laplace abjurèrent ; Lalande persista à être le philolaus (*ami du peuple*) Lalande qui avait prononcé des discours à la fête de la Raison dans l'ex-chaire de Sainte-Geneviève (*). Dès lors, ce qu'il écrivait était virulemment attaqué ; tout ce qu'il faisait était ridiculisé. Il avait prévu qu'un jour on pourrait aller en ballon de Paris à Gotha ; il fit avec Blanchard un voyage d'essai le 6 thermidor an VII (24 juillet 1799) ; le même soir les feuilles publiques traitaient ce fait de folie ; il était persifflé au Vaudeville, dans une pièce des citoyens Armand-Gouffé, Buhan et Desfougerais, intitulée : *Gilles aéronaute ou l'Amérique n'est pas loin*. Les dévots écumaient contre son *Dictionnaire des Athées*, qu'il avait continué de Sylvain Maréchal, et contre sa profession de foi à ce sujet. Et pourtant sa pensée se réduisait à dire

(*) J'ai sous les yeux le manuscrit du premier discours qu'il prononça le 20 pluviose an II (8 février 1794), dans la section du Panthéon.

qu'il est impossible que les plus dévots croient eux-mêmes en un Dieu qu'ils ont fait à leur image, avec leurs vices : la jalousie (*Dieu est un Dieu jaloux*), la vengeance, la férocité impitoyable envers ses propres enfants, se faisant ensuite enfant pour être à son tour faible. Il s'ensuivait que tout homme de bonne foi est, dans le fond de son cœur, athée devant l'image de ce Dieu dévisagé.

Mais ce qui militait le plus contre Lalande, c'était sa figure chiffonnée, son nez retroussé, ses yeux écarquillés ; le physique influe plus qu'on ne pense sur l'opinion qu'on a d'un homme en renom.

Ce que nous avons nous-même à lui opposer comme contradictoire avec ses principes, c'est d'avoir laissé présenter les enfants de sa nièce aux fonds du baptême, et surtout d'avoir fait en tout temps le plus bel éloge de l'institution des Jésuites. L'abbé Boulogne ne se lassait pas de le lui jeter au nez, qu'il comparait à celui de Socrate ; car de tout temps les dévots se sont plu à tremper leur plume dans la fange de la critique ; François de Paule vautrait bien son corps dans l'autre fange par humilité.

La républicaine Duchesse de Gotha, l'ancienne admiratrice de Lalande, se laissa entraîner par le courant réactionnaire, qui montait autour de son ami. L'amitié que grands et petits portent à l'homme célèbre survit bien rarement à sa célébrité, de même que l'amour à la jeunesse et à la beauté.

« Je viens, écrit la Duchesse à sa sœur chérie, de lire, dans la *Gazette de Manheim*, l'article que M. de Lalande a bien voulu faire mettre dans le *Journal de Paris*, à l'occasion de son accès de folie de monter en ballon avec Blanchard. » Et à la suite elle n'oublie pas son nez épaté. (16 thermidor an VII, 3 août 1799.)

Dans une autre lettre : « Votre oncle, écrit-elle, a-t-il donc le diable au corps avec son congrès à Gotha (*) ? Le Duc est furieux de cette annonce ; et pour moi je ne le suis pas moins... je voudrais bien que l'envie lui passe de venir ; car je prévois qu'il nous fera bien du chagrin... Le Duc ne sera rien moins qu'aussi complaisant que la première fois... Pourquoi ne pas venir sans votre oncle ? pourquoi l'oncle nous rend-il, par sa mauvaise tête, le moment de nous revoir désagréable ? » (5 germinal an X ou 26 mars 1802).

C'était un peu dur à entendre pour la nièce ; mais il faut dire aussi que la nièce s'était mise à ce diapason avec la Duchesse, et qu'elle commençait à suivre le courant que le jésuitisme dirigeait ; on la travaillait en sous-œuvre. C'est égal, il y a là, dans la contexture des phrases de la Duchesse, une crudité d'expression qui semble déteindre en gris sur cette amitié jadis si colorée envers la nièce.

Plus tard la colère de la Duchesse semble se calmer dans l'ironie, sans que l'amitié revienne : « Grand merci au cher oncle et à Grégoire XIII du retour du calendrier à compter du 1er janvier 1806 ; j'aime fort que l'on devienne raisonnable » (en rappelant le passé tout entier, je suppose qu'elle a voulu dire).

(*) Lalande avait qualifié de *Congrès astronomique* la réunion d'astronomes qui étaient accourus à Gotha, lors de la visite qu'il fit à la Duchesse ; et il en proposait un nouveau à ses confrères dans la même ville.

En 1804, Charlotte a perdu son mari le duc Ernest-Louis; elle nomme Zach grand-maréchal de son palais d'Eisenberg. En 1807, sa sœur chérie a perdu son oncle. Dès lors changement à vue complet; de ses deux chaînes, la Duchesse a conservé la plus douce, son amour pour le baron de Zach; l'astronome s'envole après avoir enlevé la coupole de l'observatoire de Seeberg; Charlotte abdique sa couronne ducale pour le suivre : ils partent tous les deux pour Marseille, accompagnés du général Zach, frère du Baron.

Emile-Léopold-Auguste avait succédé à son père en 1804; il n'oublia pas Lalande; son oncle Auguste lui en avait montré l'exemple; il préféra l'exemple de son oncle à celui de sa mère. « Père Jérôme, lui écrivait-il à la date du 22 avril 1806, avez-vous perdu la mémoire et m'oubliez-vous parce que je ne suis pas digne de renier Dieu? Vous me boudez, mon céleste Antéchrist, parce que je suis assez bête de croire que le hasard est un mauvais astronome... Pour ma fille, qui est un peu sorcière, je crois qu'elle mérite une petite place dans vos listes de demoiselles impies ou athées : Car imaginez-vous qu'elle contrefait, de son pinceau tout-puissant, Dieu le Père, Dieu le Fils, Dieu le Saint-Esprit et Dieu la Vierge, les anges, les saints et les martyrs... Elle a poussé l'impertinence jusqu'à voler la harpe de sainte Cécile et le pinceau de saint Luc... j'embrasse en attendant le pape des athées. »

ÉMILE.

N'est-ce pas que ce jeune Duc régnant était un charmant ami? Sa lettre dut amplement consoler

Lalande de la défection de la Duchesse douairière.

A partir de cette nouvelle ère de liberté matrimoniale, la Duchesse ne donne plus à sa sœur chérie de ses nouvelles qu'à de rares intervalles. Son style est froid; ses tournures de phrases caustiques; ses commissions plus restreintes.

« Je peux parfaitement me mettre à votre place, lui écrit-elle de Marseille le 18 mars 1813, pour sentir combien le départ de votre fils doit vous causer de la peine. Il faut espérer qu'il sera du nombre de ceux à qui la fortune sera favorable et qu'il reviendra, en parfaite santé, comme MARÉCHAL DE FRANCE ou duc ULODOMIR ZAWADOUSKI. »

En parlant de l'autre fils Auguste, elle ajoute sèchement : « L'avez-vous envoyé chez quelque marchand de soupe? »

Elle lui recommande (le 12 avril) Jean-Louis Pons, concierge de l'Observatoire de Marseille, qui avait découvert, le 11 avril 1811 au soir, dans la constellation du Navire, la comète télescopique dont nous avons parlé, page 43 de ce livre.

Mais, le 7 juillet 1813, Mme de Lalande ayant obtenu, pour ce modeste savant, la place de directeur-adjoint de l'Observatoire de cette ville, l'orgueil de la Duchesse se réveille, en pensant que « d'un concierge faire un directeur-adjoint c'est trop fort. »

Et là finit la série de notre liasse de lettres.

Revenons maintenant sur nos pas et expliquons-nous sur la nature de la liaison qui s'était formée, de si longue date, entre Charlotte, Duchesse régnante de Saxe-Gotha et Altenbourg, d'un côté, et le baron de Zach l'astronome, de l'autre.

Nous avons déjà vu que, dès 1792, le Duc de Saxe-Gotha, Ernest-Louis, époux de Charlotte, collaborait avec le baron de Zach, dans l'observatoire du château de Seeberg, à Gotha.

Or, dès les premières lettres de notre correspondance entre la Duchesse et la nièce de Lalande, l'affection de la Duchesse pour Zach se révèle sans déguisement aux yeux de sa confidente chérie :

« Notre ami Zach (*) est tout à fait rétabli, lui dit-elle; il ne souffre plus des yeux, de quoi je suis bien contente; car, de le voir ainsi souffrir, cela me rend bien malheureuse. C'est lui qui fait tout mon bonheur, et je ne puis supporter l'idée de le voir malade. De tous les hommes que je connais, certainement, certainement, c'est lui qui est le plus accompli. » (7 frimaire an VII ou 27 nov. 1798.)

Cette liaison datait de 1786 ; la Duchesse avait alors trente-trois ans, le baron de Zach en avait trente-deux, âge des liaisons durables.

« Je ne suis jamais plus heureuse, dit-elle ailleurs, que lorsque j'ai beaucoup à travailler pour Zach; il ne me laisse rien faire qui ne soit utile; dès que je sais que mon calcul peut lui être bon à quelque chose, je suis infatigable pour travailler... Je serais bien fâchée que vous ne veuillez pas faire un petit Charles de votre fils Isaac (*elle voulait lui faire changer ce vilain nom*) ; appelez-le Charles-François : Charles de moi (Charlotte), et François de Zach » (27 nivôse an VII ou 16 janvier 1799.)

(*) Plus tard elle se hasarde à l'appeler votre *verliebt* (amoureux) ; *votre* supposé pour *mon*, afin de dérouter sans doute le cabinet noir de Gotha.

Et tout le reste de la correspondance est de cette force d'expansion.

Cependant, n'allez pas fouiller trop profondément pour interpréter cette passion : on n'aime pas en Allemagne comme en France ; rien ne ressemble plus à l'amour que l'amitié d'une Allemande. Le cœur de la Duchesse se partageait entre Zach et Amélie, sa sœur adoptive ; elle dépeint ses deux liaisons avec le même feu et souvent les mêmes tournures de phrases. Ce qui va suivre vous fera aisément comprendre que, jusqu'à la mort du Duc, qui arriva en 1804, elle est restée fidèle envers son époux, aimante envers son professeur d'astronomie ; le corps à l'un et le cœur à l'autre, sans jamais s'écarter en rien des devoirs de sa double fidélité. Ce qui suit le dit avec assez de transparence :

« Je sais bien, écrit la Duchesse à son intime amie, que mon amitié ne peut lui suffire (*au baron de Zach*) pour le rendre heureux, et cela me désole et me désespère pour un homme d'un caractère sans pareil, d'un savoir sans exemple ; et ne pouvoir rien faire de plus, moi qui voudrais lui donner le monde entier, si c'était en mon pouvoir !... C'est un agréable rêve que de penser que les personnes qui ont été attachées entre elles vivront continuellement ensemble : Quel bonheur, chère Amélie, d'espérer que je serai avec vous et Zach, accompagnés de mon meilleur ami, feu mon frère ! Nous serions trois êtres qui s'aimeraient bien, et je vous dirais, à vous, à mon Zach, dans tous les moments de mon existence, que je vous aime, que je ne connais qu'un bonheur, qui est d'être avec vous deux et de vous dire combien je vous chéris (27 prairial an VII ou 15 juin 1799). »

N'est-ce pas que c'est naïf et pur comme l'amour des anges ?

Le Duc connaissait cette liaison et la respectait de son côté, autant que sa femme se respectait elle-même. Le baron de Zach était leur ami commun, supérieur à tous deux par sa philosophie et sa haute intelligence. Seulement, le Duc ne partageait pas ses opinions politiques et philosophiques, opinions dont son épouse était enthousiaste ; là était la ligne de démarcation.

Un jour même le Duc s'avisa de leur faire passer un mauvais quart-d'heure, en expiation de leur prédilection pour la France :

C'était après la bataille de Marengo, où le frère du Baron, le général Zach, au service de l'Autriche, avait été fait prisonnier à la tête de 1,500 grenadiers. Le premier consul l'avait traité avec tous les égards dus à un homme d'une grande intelligence et d'une bravoure digne d'un meilleur succès. Le Duc de Saxe-Gotha accourt un matin, en se frottant les mains, prévenir la Duchesse que le général Zach venait d'être fusillé, comme ayant trahi l'Autriche, de connivence avec le Baron son frère et la Duchesse, dont on connaissait à Vienne le dévouement à la France ; il ajoutait que le même sort était réservé à elle et au Baron. La Duchesse faillit en devenir folle, non pour elle, mais à cause de lui ; et, quand elle découvrit la plaisanterie, le Duc partit d'un éclat de rire, et tout reprit son train d'auparavant.

En 1804, cet antagonisme fut rompu par la mort ;

le devoir ne mit plus d'obstacle à l'amour ; la Duchesse quitta son purgatoire de Seeberg pour aller chercher un paradis lointain et dans les régions plus favorisées du ciel, assistée, non de la mémoire de son frère, non de la confraternité d'Amélie sa sœur adoptive, mais de la personne du frère de Zach, le général autrichien. Zach remplissait le cœur de la Duchesse à lui tout seul ; adieu tout le reste de l'ancien rêve.

Vous devez deviner maintenant pourquoi la Duchesse régnante de Saxe-Gotha était devenue astronome ; Zach était un des premiers astronomes d'Allemagne. Elle fût devenue chimiste, si Zach avait été professeur de cette science ; et, au lieu d'être son astronome-adjoint sur le haut de l'observatoire de Seeberg, elle lui eût servi de préparateur dans le bas de son laboratoire.

Dans les passions de cœur, la femme ne prétend jamais qu'à être la compagne et l'aide de celui qu'elle préfère ; ses joies sont les siennes, ses goûts sont les siens ; elle le suit en aveugle, elle le seconde en s'effaçant ; sa gloire, elle en est fière ; ses revers, elle voudrait les prendre tous à sa charge ; elle veille afin de le laisser dormir ; elle épuise ses forces de crainte qu'il ne se fatigue ; elle l'aime pour lui-même, car elle l'aimerait malgré lui. C'est là la grande loi de l'association des êtres ; la loi de l'incessante création : La femme met sa félicité à être l'esclave de la volonté de l'homme ; et, cela dans toutes les conditions humaines, et dans toutes les classes d'animaux : Que fait la fauvette pendant que son époux enchante la nature ? elle l'admire, tout en réchauffant leurs petits communs ou fouillant leurs becquées dans le sol.

Le baron de Zach était, sous tous les rapports, digne d'être aimé d'une femme de cette nature et de lui inspirer une grande et noble passion.

J'ai eu occasion de l'apprécier dans une entrevue qu'il m'avait demandée. Nous étions en 1831 ; il était au courant de nos démêlés scientifiques et politiques avec le grand amateur de réclames, François Arago, dont le baron de Zach était un des terribles cauchemars : Arago n'en parlait, ainsi que de Brewster, que l'écume à la bouche ; le Baron s'exprimait sur son compte avec un calme assaisonné seulement d'une petite pointe d'ironie.

Je le trouvai en compagnie de l'astronome Walz, directeur de l'Observatoire de Marseille, qui commençait alors à être affecté de surdité ; tous deux unis par l'étude, les infirmités (*) et la libre pensée. Le Baron me parut ce que la correspondance précédente le montre : un ami passionné de la science et de l'humanité, un enthousiaste de notre première révolution, un ennemi des simagrées de l'empire et des jongleries du roi-citoyen.

Il était issu d'une ancienne et illustre famille de Hongrie ; il s'était bravement conduit dans les guerres de l'Autriche. Il avait une grande distinction dans la physionomie, une belle régularité dans les traits, de la douceur dans le regard et un sourire affectueux sur les lèvres ; du reste, il était bien fait de toute sa personne.

(*) Le baron de Zach venait à Paris pour se faire opérer de la pierre ; il en mourut en 1832 ; Charlotte l'avait précédé en 1827.

J'eus occasion d'en parler à Buonarotti, celui qui avait figuré comme coaccusé dans le procès de Babeuf; il venait de rentrer en France par la porte de la révolution de 1830; Buonarotti haussa les épaules et me dit en souriant de pitié : *C'est un illuminé.*

Plus tard, j'ai compris pourquoi, dans le procès de Babeuf, Buonarotti fut presque mis hors de cause, à l'aide du bannissement ; il avait joué dans ce procès le rôle de Buchez et consorts dans le procès du brave et infortuné colonel Caron : Buchez était, ainsi que la bande du *National* après Carrel, un jésuite déguisé.

En 1848, s'il avait existé, Buonarotti eût, comme les autres, jeté le masque dans quelque sacristie.

Les illuminés dont il voulait parler, c'étaient les libres penseurs de l'époque ; il aurait, au mois de juin, applaudi à leur persécution et à leur transport à la Guyane, d'où si peu sont revenus !

FIN.

TABLE DES MATIÈRES

FIN.

COULOMMIERS. — Typog. A. MOUSSIN.

NOUVEAU SYSTÈME DE CHIMIE ORGANIQUE, à l'usage des manufacturiers et des gens du monde, par F. V. RASPAIL, 3 gros vol. in-8°, et un atlas in-4° de 20 planches, dont quelques unes coloriées. — 1838. — Prix . . . 30 fr.

NOUVEAU SYSTÈME DE PHYSIOLOGIE VÉGÉTALE, par F. V. RASPAIL, 2 gros vol. in-8°, et un atlas de 60 magnifiques planches dessinées et gravées par les meilleurs artistes. 1837. — Prix avec planches en noir . . . 30 fr.
Avec planches coloriées . . . 50 fr.

LES BÉLEMNITES FOSSILES RETROUVÉES A L'ÉTAT VIVANT, par F. V. RASPAIL, in-4° de vi-44 pages, papier vélin, avec une planche coloriée, dessinée et gravée par son fils Benj. RASPAIL. — Prix . . . [illegible] fr.

HISTOIRE NATURELLE DES AMMONITES ET DES TÉRÉBRATULES des Basses-Alpes, de Vaucluse et des Cévennes, par F. V. RASPAIL. — Nouvelle édition considérablement augmentée et enrichie de [illegible] planches lithographiées par son fils Benj. RASPAIL. — 1 vol. gr. in-8°, oblong, format d'album. — Prix . . . [illegible] fr.

LA LUNETTE DE DOULLENS, Almanach de l'Ami du Peuple pour 1850, par F. V. RASPAIL, représentant du peuple à la Constituante. — Prix . . . 50 c.
Par la poste . . . 65

PROCÈS ET DÉFENSE DE F. V. RASPAIL, poursuivi le 19 mai 1846, en exercice illégal de la médecine, sur la dénonciation formelle des sieurs Fouquier, médecin du roi, et Orfila. — Nouv. édit. 1846, augmentée de la DÉFENSE EN COUR D'APPEL. — Prix . . . 60 c.
Par la poste . . . [illegible] c.

PROCÈS PERDU, GAGEURE GAGNÉE, OU MON DERNIER PROCÈS EN 1856, par F. V. RASPAIL, in-8°. — Prix . . . 1 fr.

NOUVELLE DÉFENSE ET NOUVELLE CONDAMNATION DE F. V. RASPAIL à 15,000 fr. de dommages-intérêts, pour avoir demandé le [illegible] novembre 1845, et obtenu le 30 décembre 18[illegible], la dissolution de la société par lui formée avec le pharmacien [illegible], rue [illegible] Lombards. — Prix . . . 60 c.
Par la poste . . . [illegible]

RÉPLIQUE AU SIEUR LÉON DUVAL, [illegible] 18[illegible], in-8°. — [illegible] . . . [illegible]
Par la poste . . . [illegible]

COLLECTION DE L'AMI DU PEUPLE, en 1848, par F. V. RASPAIL, journal dont le [illegible] porte la date du [illegible], [illegible] et le dimanche sur la voie publique [illegible] de la journée du [illegible]. — [illegible] les [illegible] numéros . . . [illegible]
Par la poste . . . 2 [illegible]

N. B. — Les lettres non affranchies sont rigoureusement refusées. — Les envois se font contre remboursement, ou contre un mandat sur la poste ou sur une maison de Paris.

www.ingramcontent.com/pod-product-compliance
Lightning Source LLC
Chambersburg PA
CBHW052102090426
42739CB00010B/2281